JN058045

「農地転用の手続」何をするかがわかる本

あなたの土地、
眠っていませんか？

若子昭一 著

セルバ出版

はじめに

はじめまして！　行政書士の若子昭一です。

私は、農地転用許可を専門に取り扱う行政書士をしています。

本書を手に取っていただいているということは、あなたは農地の転用について何かしらの関心をお持ちか、農地の転用についての知識を得る必要を感じていることかと思います。

それは、例えばこんな感じでしょうか。
・父が畑を持っていて耕作をしているが、自分は将来農業をする意思がない。相続した後は農地以外の用途に使えるのだろうか。
・ハウスメーカーで営業をしているが、お客様から「親の畑に自分の住む家を建てたい」という相談を受けた。どのように回答すればよいのだろう。
・不動産売買の仲介をすることになった土地が農地だが、転用の届出が必要だと聞いた。どのような手続が必要なのだろう。
いずれにせよ、まず誰に相談したらよいのか悩んでいらっしゃるのではないでしょうか。

本書は、そうした方に向けて、農地の転用についての基礎知識から、手続に向けての相談の仕方、そして手続の方法と流れをわかりやすく解説することをねらいとしています。いろんな方に読んでいただけるよう、農地の転用に関わることはなるべく広く書いています。

さて、一口に農地といっても、そのロケーションによって様々な特性があります。田なのか畑なのか、作物を育てる水はどこから得ているのか、どのような形をした土地で周囲は農地なのか宅地なのかなど、千差万別です。

また、東西南北に長い弓なりの国土を持つ日本では、地域ごとに栽培される作物の違いも大きく、つくられた作物を流通させるための仕組みにも地域性が出ます。そして、それが転用のための仕組みにも影響を与えるため、転用の手続にはローカルルールも多く存在し、手続は決して単純ではありません。

本書では、農地の転用のための手続について、なるべく短く、そしてわかりやすくすることを考えて書きましたが、どの地域の方にも参考にしていただくものにしようとすると、自然とそれなりの分量にはなってしまいます。

ただ、せっかく本を書いても読んでいただかなければ意味がありません。知識を得るためというよりは、手続のためのガイドとして実際に役立てていただきたい。そこで、全部を読まなくても使っていただけるよう、章ごとに独立した機能を持たせました。

例えば、基本的な知識だけ得て、後はすべて行政書士に任せたいという方であれば、基礎知識編である第1章のみ、転用ができるかどうかまで自分で調べたい方は第2章まで、書類の作成は行政書士に任せるが、必要な手続全体をコーディネートする必要のある方は第3章まで、手続まですべて自分で行う方は最後の第7章までといったように、必要に応じて読むべき分量を調整できるようにしました。

また、基本的なことはわかっているので、書類の作成の方法だけ知りたいという方は、第4章から読んでいただいてもいいですし、細かな見出しをつけましたので、知りたいことが書いてある章のみ、あるいは章立てに関係なく、本当に必要なところだけピックアップして読んでいただいても構いません。自由に役立てていただければと思います。

「農地法」という法律によって、農地の転用には厳しい制限がかかっています。

通常、私有財産である土地は、所有者が自由に使ったり譲ったりできるものですが、農地についてはこの自由が大きく制限されています。実際、農地転用許可の申請書を作成して添付書類をつくったり集めたりする作業は、普段役所などでの手続をすることに慣れていない方にとっては大きなハードルです。

農地以外にも、防災などのためにその自由な利用が制限されている土地はあります。また、傾斜がきつく、そもそも自由な利用が難しい山林などもあります。しかし、利用のしやすい平坦な場所にあって、かつ、国土の中で大きな割合を占めている農地の自由な利用を制限している「農地法」は、かなり強力な法律と言えると思います。

それでも、なぜこのような制限があるのかを理解し、周囲の環境と調和しながら、転用をできる土地を選べば、転用は決して難しいものではありません。

本書を足掛かりとして、転用の手続をスムーズに進め、大切な土地の有効活用につなげていただければ幸いです。

2021年2月

若子　昭一

「農地転用の手続」何をするかがわかる本―あなたの土地、眠っていませんか？　目次

第2章　転用する土地の選び方と事前相談

第3章　転用の申請前にすべき他の手続

第4章　申請書をつくる

第7章 申請受付から許可までと許可後の手続

第1章　農地転用手続の前に知っておくべきこと（基礎知識）

農地の転用を進めるに当たって、押さえておくべき基本的な知識を確認していきます。

1　転用許可が必要な「農地」とは

「農地」とは田と畑

まず始めに、そもそも転用許可が必要な「農地」とは、何を指しているかをハッキリさせておきたいと思います。

「農地法」の第2条第1項では、農地を「耕作の目的に供される土地」としています。これは、要するに田や畑のことで、穀物や野菜をつくっている土地ということです。

ある土地が転用許可の対象となる農地であるかどうかは、田畑であるかを実際に見て判断すればよいのですが、中には見ただけでは判断できないことがあります。

なので、ここでは、その判断の材料の1つである土地の「登記」についても簡単に触れたいと思います。

【図表1　農地とは田と畑】

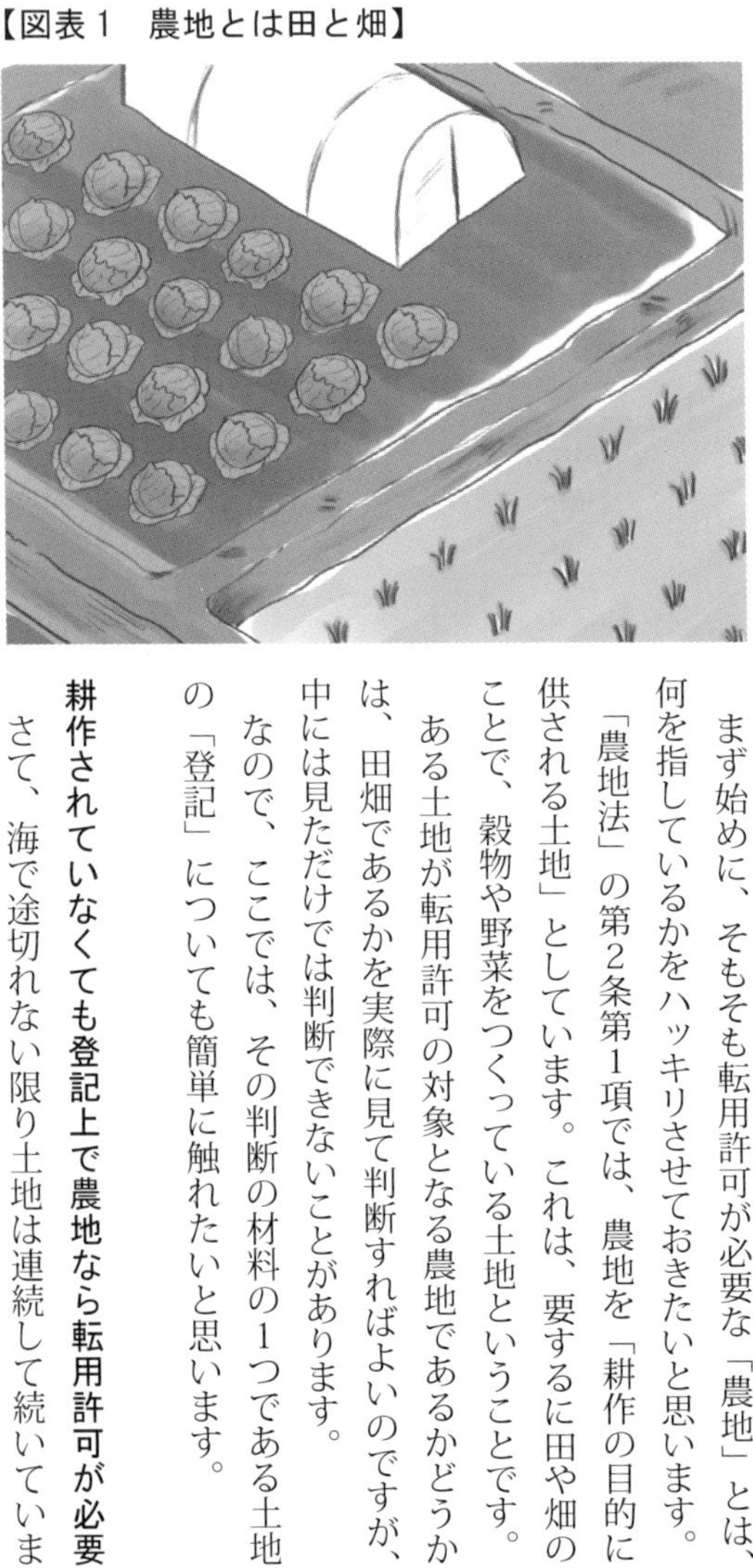

耕作されていなくても登記上で農地なら転用許可が必要

さて、海で途切れない限り土地は連続して続いていますが、日本においては、土地には「筆」という単位が設定されており、見えない境界線が引かれています。そして、それぞれの筆には、「地番」という番号（住所の表示に使われる「番地」は、多くの場合これと一致しています）が振ってあり、日本の各地にある法務局にはそれぞれの筆について面積や地目（土地の用途）、その筆のある場所と形状が記録されています。これを土地の「登記」といい、この記録は所定の手数料を払えば誰でも見たり写しを請求することができます。

土地や建物の登記に関する法律である「不動産登記法」では、土地の登記記録の中にある地目（土地の用途）については、現況に合わせて変更をすることをその所有者、あるいは所有者として登記されている者に義務づけています。そのため、今、実際に田畑として利用されている土地については、ほとんどの場合、この地目が田あるいは畑になっています。

中には、耕作がされないままで草木に覆われたりして、見ただけでは農地なのかどうか判断がつかない土地もあります。こうした農地には見えないような土地でも、登記の上で農地とされている場合は、転用するのに許可が必要となります。

登記上は農地でも転用許可済のこともある

ただし、登記は、万能ではありません。先に述べたように、地目の変更登記は、土地の所有者の義務なので、許可を取って農地を転用し宅地などにした場合、土地の所有者はこの地目の変更の登記申請をしなければなりませんが、それがされないままになっていることも多いのです。

例えば、融資を受けて建物を建てた場合などは、土地を担保に取る金融機関が地目の変更登記を求めてくると思いますので、地目の変更登記が見過ごされることはありません。しかし、自己資金で建物を建てて転用した場合などは、この地目変更の登記の義務について誰も教えてくれないこともあるのです。そして、地目の変更登記をしなかったからといって直ちに問題が起こることはあまりないため、宅地なのに登記記録の上では農地のまま放置されてしまうのです。

一応、法務局の事務を司る登記官には、職権でこの地目の変更登記をする権限がありますが、無数に存在する土地の1つひとつを定期的にチェックすることは不可能ですので、現実に合わせて法務局が地目を変えてくれるといったことは期待できません。なので、登記上、田や畑となっていても、既に転用許可が取ってあるという場合もあることを頭に入れておく必要があります。

登記上は宅地でも課税の上で農地であれば転用には許可がいる

農地から宅地への転用とは逆に、宅地であった土地が畑に戻っていたとしても、当然ですが地目変更の登記申請をしなければ登記上は宅地のままです。登記上の地目は宅地でも、固定資産税を安くするために課税上だけ農地となっているような土地も存在し、このような農地も転用をしたい場合は許可を受けなければいけません。

誰でも見ることのできる登記記録と違い、課税上の地目は本人あるいは委任を受けた代理人などしか調べることはできません。よって注意しなければなりません。

なお、宅地と一体利用されている庭などを利用した家庭菜園は、農地としては扱われず、宅地の一部として扱われます。

2 何をしたら「転用」になるのか

「転用」＝耕作以外の目的に使うこと

転用許可の対象となる「農地」が何を指しているのかわかったところで、今度は、「転用」とは何を指しているのかをハッキリさせたいと思います。

農地法の中で転用について書かれた条文である第4条第1項と第5条第1項では、転用を「農地を農地以外のものにすること」としています。

「農地」は、「耕作の目的に供される土地」でしたので、裏を返すと、「農地以外のもの」とは「耕作以外の目的に供される土地」ということになります。

では、具体例を見ていきましょう。

明らかな転用の例

明らかな転用の例ですが、イメージしやすいところでは、宅地や駐車場、資材置場や道路にすることなどがまず挙げられると思います。建物や大きな物があったり、自動車や人の通行がある土地

【図表２　転用とは農地以外のものにすること】

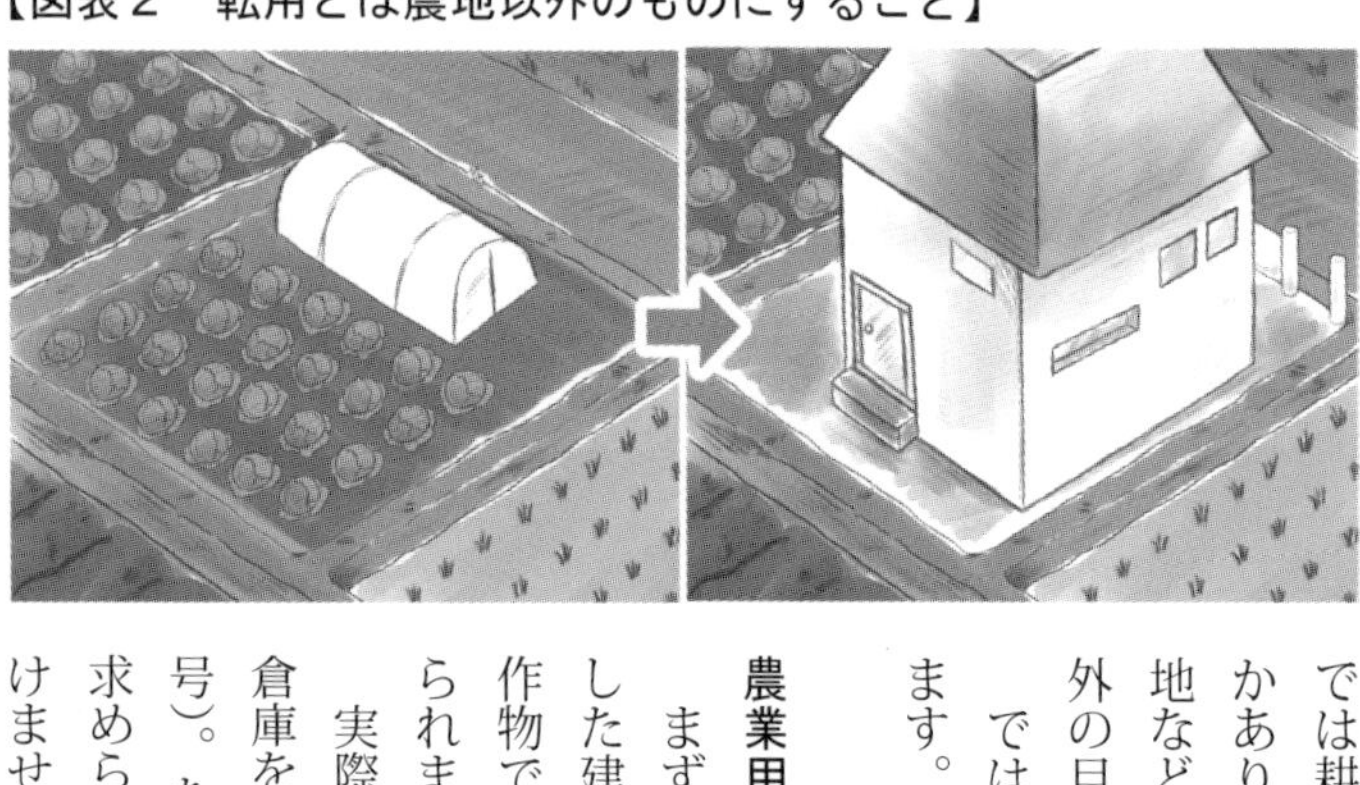

では耕作はできません。これ以外では、個人で関わることはなかなかありませんが、公園や運動場、学校用地や鉄道用地、境内地や墓地などもわかりやすい転用の例です。いずれも、ハッキリと耕作以外の目的で使う土地です。

では、次にケースごとに判断しなければいけないものを見ていきます。

農業用倉庫のための敷地は２００㎡未満なら転用許可不要

まずは、畑などに農業用倉庫を建てる場合です。倉庫はれっきとした建物ではありますが、収納されている物が農機具や収穫された作物であれば、広い意味で耕作のために土地を使っているとも考えられます。

実際、農地法の特例として、２００㎡未満の敷地であれば、農業用倉庫を建てるのに転用の許可は不要です（農地法施行規則第29条第１号）。ただし、許可が不要ということだけで、多くの自治体で届出は求められますし、農地法以外の他法令の許可はチェックしなければいけません。また、他人の農地に建てることは認められませんし、周囲の農地への影響が大きい土地に建てる場合は、当然踏むべき手続が増えると考えてください。

農業用の車両を一時的に停めるスペースは転用には当たらない

次に、一時的に車両を停めるような場合ですが、耕作を行う上では、農機具や収穫した作物などを運ぶ必要があることもあります。そのため軽トラックなどを畑の一角に停める行為は、転用には当たりません。

では、軽トラックではなくてバンやワゴンはどうか。乗用車だって小型の農機具は運べるぞとなりそうです。これについては、そのタイプの自動車を使うことについてしっかりと理由が説明できればよいと思います。厳密なことを言えば、軽トラックだったとしても、全く別の業務のためだけに利用しているものを農地に停めるのは違反になります。

また、駐車に関連して、いつも駐車しているスペースに砂利を入れるのは転用に当たるのかという問題も出てきます。自動車の重量で土が固まり、水が流れ出ることで土も流出するのを防ぐといったような目的で多少の砂利を入れることには合理性がありますが、窓口ともよく相談しつつ、必要最小限度にとどめておくのがよいと思います。

転用とはならないケース

最後に転用とはならないケースですが、まず、田を畑にするのは田の転用ではありますが、農地

【図表３　転用にならないケース】

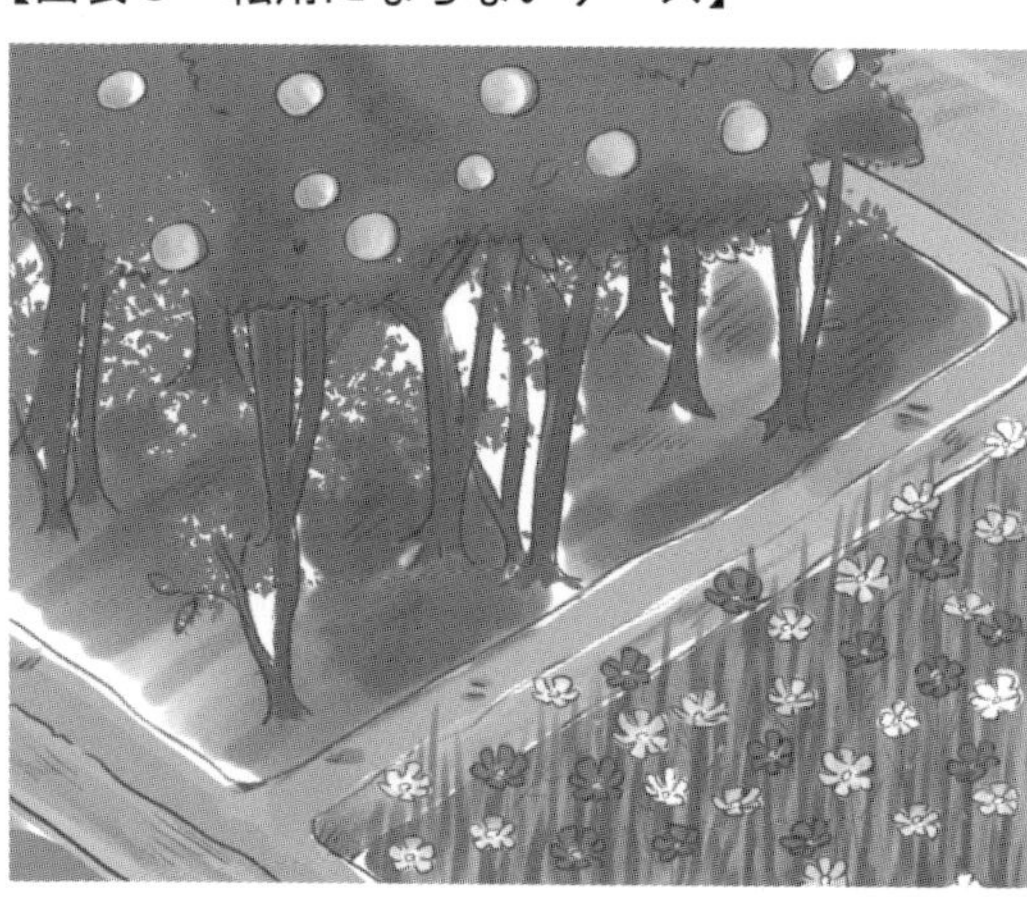

の転用ではありません。ただ、田を畑にする場合は、土を大量に入れることもあると思います。水の出入りが大量にある田に土を入れれば水の流れが大きく変わることがありますので、当然、事前に窓口などに相談すべきです。

次に、畑に果樹を植えた場合です。これも転用ではありません。果樹園は田畑とは大きく雰囲気が異なりますが、立派な「農地」です。

では、花や植木の栽培はどうでしょうか。これらは、苗などの栽培が目的であれば農地とみなされます。しかし、例えば植木が放置され、長い年月をかけて林になってしまった場合はどうでしょうか。積極的な転用とは言えないが、事実上農地ではなくなっているこうしたケースは、農地法の趣旨からすれば喜ばしいものではありませんが、窓口と相談し、以後非農地として取り扱う道も出てくると思います。

なお、手入れをしていなくて草で覆われている農地も、手入れをすれば農地に戻りますので、引続き農地として扱われます。

【図表４　市街化区域と市街化調整区域】

3　転用に許可が不要な場合

市街化区域内では農地の転用に許可がいらない

さて、今まで農地の転用の「許可」という言葉を使ってきましたが、実は「届出」のみで転用をしてもよい農地が存在します。それが、「市街化区域」内の農地です。

都市を計画的に発展させていくことを目的とした「都市計画法」という法律では、ある程度都市化が進んだ地域を「都市計画区域」として指定することができるとされています。そして、この都市計画区域の指定がされると、その地域では、つくることができる建物の規模などに行政が規制をかけることができます。そうすると、例えば一戸建ての家ばかりが立ち並ぶ地域や、商業用の建物が密集する地域など、ある程度街づくりがコントロールできるようになるのです。

そして、この都市計画区域内では、必要に応じてさらに市街化を促進する「市街化区域」と市街化を抑制する「市街化調整区域」に地域分けができることになっています。この、「市街化区域」とされた地域では、農地を宅地などに変えることが推奨されるため、農地の転用をするのに許可がいらず、大幅に簡略化された「届出」のみでよいとされているのです。

市街化区域内かどうかの確認は役所で確実に!

農地の転用に当たって届出だけで済むということになれば、作成する書類と集める書類が大幅に減り、労力は非常に少なく済みます。また、月に1回の締切がある許可と違い、ほとんどの市町村で届出は随時受付をしてくれますし、届出をした後にその受理証(許可ではないので許可証ではなく受理証が発行されます)を受け取れるまでの期間も、1週間から10日程度と大幅に短くなります。

ある土地が市街化区域内であるかどうかの確認は、役所でできます。都市計画課などといった名前のついている部署が担当ですが、もしそういった名前の部署がなければ、「市街化区域内かどうかの確認をしたい」と伝えれば案内してもらえるかと思います。調べたい地番がハッキリわかっていれば、電話でも十分確認が可能です。

なお、市街化区域内の農地でも、届出以外に第2章以降で触れる土地改良区での手続が必要な場合がありますので、注意が必要です。

4　転用できない農地がある？

農業振興地域内農用地区域内農地（青地）は転用が困難

第2章で詳しく触れますが、農地にはランクがあります。そのランクは、いかに効率よく耕作ができるかで決まるのですが、ある程度まとまった広さで固まって存在している農地は、そのランクが高いことになります。

そんな高いランクの農地の中でも、別格で扱われているのが農業振興地域内農用地区域内農地です。非常に長い名前ですが、関係者の間では、通称「青地」と呼ばれています。この「青地」は、市町村ごとにその区域が定められており、原則転用ができない農地です。田が一面に広がっているような場所が「青地」として指定されています。

想像してみてください。見渡す限り一面に田が広がる真ん中に、ポツンと家が建っていたとしたら、まず耕作を行う上で大きな障害になります。また、周りが農地ばかりの土地では、下水道などは整備されていないでしょうから、浄化槽を通して生活排水をキレイにしますが、いくらキレイになったとしても生活排水です。そんな水を、道路側溝もない場所なので農業用の水路へと流すしかありません。あまり気持ちのよいものではないと思います。

こうした場所である農業振興地域内の農地については、指定された区域の端で、転用による周囲への影響が少なく、また、代わりに使える土地もない上、その土地を使うことが必要である確かな理由がなければ転用許可の見込みはありません。

なお、この農業振興地域のエリアは、定期的に見直しがされ、その見直し期間中は一切転用ができないという場合もあります。

生産緑地も転用は困難

生産緑地というのは、三大都市圏などの大都市の中にある農地で、生産緑地法によって1992年以降に指定を受けた農地です。生産緑地法は、大都市での良好な生活環境を確保するために、残っている農地を保全していくことを目的としています。

大都市では、農地にかかる固定資産税が宅地並みになっていますが、生産緑地については固定資産税が安く設定されています。また、相続税の納税が猶予されるなどの特典も受けられます。その代わり、営農を休むことはできませんし、転用も一切できません。そして、1度指定を受けると、指定から30年経つか、その生産緑地で中心となって営農に従事している者が死亡したり、重い疾病で営農の継続が困難になるといったことがない限りは指定が解除されることはありません。

2022年には指定が始まってから30年の節目を迎えるため、所有者は順次判断を迫られることになります。実質的に指定の延長を受けることもできますが、解除が選択され転用が進む可能性もあります。もともと500㎡以上の面積があることが指定の条件であるため、転用ともなれば大きな建物の敷地として利用することができ、高層住宅に利用されるのではないかと言われています。

ライフラインがなければ事実上転用は困難

農地を転用する大きなメリットの1つは、土地の取得費が抑えられることです。流通させることが可能な土地は、どれも決して安いものはありません。その点、自己所有の農地を使ったり、親の農地を使うことができれば、土地の取得費はかかりません。

しかしながら、いくら取得費がかからないからといって、生活に必要なライフラインが全く整備されていないエリアの農地に家を建てて住もうとすれば、そのライフラインの確保のために多大な費用がかかってしまいます。また、造成費も考慮する必要があります。道路から見て低い位置にある田の転用には大規模な造成が必要で、やはり多大な費用がかかります。

農地としてのランクが高くなく、法的なハードルが低いからといって、そうした農地がすべて転用に向いているとは限らないのです。

5　転用できる農地の面積には限度があるのか

農地法に転用面積の制限についての規定はない

結論から言えば、農地法の条文の中に転用面積の制限についての規定はありません。しかし、だからと言って無制限に転用ができるわけではありません。農地法の目的の1つは、農地そのものを保全していくことですので、そもそも農地の転用は、目的の範囲内の最小限度の面積でしか許可されません。

例えば、転用した土地に建物を建てる場合などは、転用する敷地の面積に対して建築面積を最低でもどのくらいの割合にすべきかについて、以前は実務の上での基準が設けられていたこともありました。

また、仮に必要があって広い面積の転用許可を申請するとしても、その難易度は当然高くなります。今までは降った雨水が農地に浸透していたところ、転用によって行き場がなくなりますので、その雨水をしっかり処理できるのか、また、周辺の土地の所有者に理解は得られているのかについて説明できなければ、許可の見込みはないということになります。

他法令による転用面積の制限も

農地法自体で規制がされていなくても、他の法令で実質的に転用面積が規制されていることはあります。例えば、先ほど触れた「市街化調整区域」という地域は、建物を建てることが禁じられている地域ですが、その地域で特別に許可を得て建物を建てる場合、許可を得た建物の種類によってその敷地の広さが制限されています。

それ以外に、市町村によっては、例えば転用面積が1000㎡を超える場合に特別な手続を求める条例を定めているところもあります。その場合、地元で説明会を開いて地域住民の同意を得ることや、転用した土地に降る雨水の処理について専門的な計算書の提出などが必要となり、転用のための手続の難易度が上がってしまいます。

転用面積が狭過ぎてもダメなことがある

また、転用面積の下限にも注意が必要です。例えば、建築基準法では、建物の建築面積や延べ床面積の敷地面積に対する割合（建蔽率・容積率と呼びます）の上限や、道路や隣地との関係で建てられる建物の高さの上限が地域ごとに決まっています。つまり、敷地一杯に建物を建てることができない場合があるのです。その場合は、建物のプランを変更するか、建物の敷地、つまりは転用面積を広げなければいけません。

その他、自治体によっては住宅のための敷地の下限を直接定めているケースもあります。公共交通機関が発達していないような地域の住宅には自動車の駐車スペースも必要になりますし、住宅が密集しすぎてインフラとのバランスが悪くならないようにとの配慮がなされているのです。

6　許可までにかかる期間はどのくらいか

申請の締切日から許可までは１か月から２か月

まず注意すべきは、農地転用の許可申請には、市町村ごとに月1回の締切日があるということで

【図表5　転用許可等にかかる期間】

農地転用許可	市街化調整区域	6週間～8週間	ただし、農用地区域内農地の場合は6か月～14か月
	その他	4週間～6週間	
農地転用届出（市街化区域）	1週間～10日		
非農地証明願	1週間～10日、または3週間～6週間（市町村やケースによって大幅に異なる）		

す。これを1日でも過ぎてしまうと翌月の締切日まで待たなければいけなくなるため、準備はこの締切日を意識して行ってください。

そして、締切日から許可までの期間ですが、これは対象となる農地の属する地域で決まります。申請の締切日をスタートとして、市街化調整区域では1か月半から2か月、市街化区域と市街調整区域の線引きがされていない地域では約1か月から1か月半が目安となります。

締切日が設けられていることからもわかるように、市町村ごとに案件がまとめられて処理されるため、この処理期間は内容によって早くなったり遅くなったりすることはありませんが、全体の申請件数が多くなった月や、祝日が多い月は多少遅くなる傾向があるようです。

転用が難しい農地の場合は手続だけで半年から1年かかる

農地の中でも高いランクに位置づけされる、「青地」と呼ばれる農地があることを先に説明しました。この農地は原則転用ができきませんが、例外的に転用ができる場合もあります。

ただ、その場合もすぐには転用の許可申請ができず、まずは青地の指定からその農地をはずしてもらう、農振除外と呼ばれる手続が必要です。この除外の手続には非常に長い時間がかかります。市町村によってバラツキはありますが、短いところでも3か月程度、長いところでは1年程度かかります。

そして、除外の手続が終わってようやく農地転用の許可申請ができますので、全体としては半年から1年数か月の時間がかかることになります。転用後に家を建てる場合などは、入居をしたい時期から逆算してかなり長期的な計画となることを覚悟しなければなりません。

7　自分の農地を使うのか他人の農地を使うのか

自分の農地を使う４条許可と他人の農地を使う５条許可がある

農地転用の許可申請をする際には、現在その農地が自分のものなのか、（親族も含めた）他人のものなのかによって根拠となる農地法の条文が変わります。当事者の数が違うので申請の際の書式も変わりますが、転用の難易度はあくまで場所と目的によって決まるため、どちらの条文が根拠になるかで内容に大差はありません。

しかし、自分の農地を使う「４条許可」と、他人の農地を使う「５条許可」という言葉は、申請が出される窓口では申請の区分としてよく使われますので、覚えておくとよいと思います。

ちなみに、許可の不要な市街化区域内での届出の場合は、「4条（1項8号）」の届出と「5条（1項7号）」の届出という風に呼びます。

農地法（抜粋）
第四条（農地の転用の制限）
農地を農地以外のものにする者は、都道府県知事の許可を受けなければならない。
第五条（農地又は採草放牧地の転用のための権利移動の制限）
農地を農地以外のものにするため又は採草放牧地を採草放牧地以外のものにするため、これらの土地について第三条第一項本文に掲げる権利を設定し、又は移転する（※）場合には、当事者が都道府県知事の許可を受けなければならない。
※所有権を移転し、又は地上権、永小作権、質権、使用貸借による権利、賃借権若しくはその他の使用及び収益を目的とする権利を設定し、若しくは移転する。

所有権の移転を伴う転用の場合は許可後に代金の決済

他人の農地の転用には、親族の土地を使う場合でなければ、ほとんどのケースで売買など所有権

【図表６　農地の所有権移転の流れ】

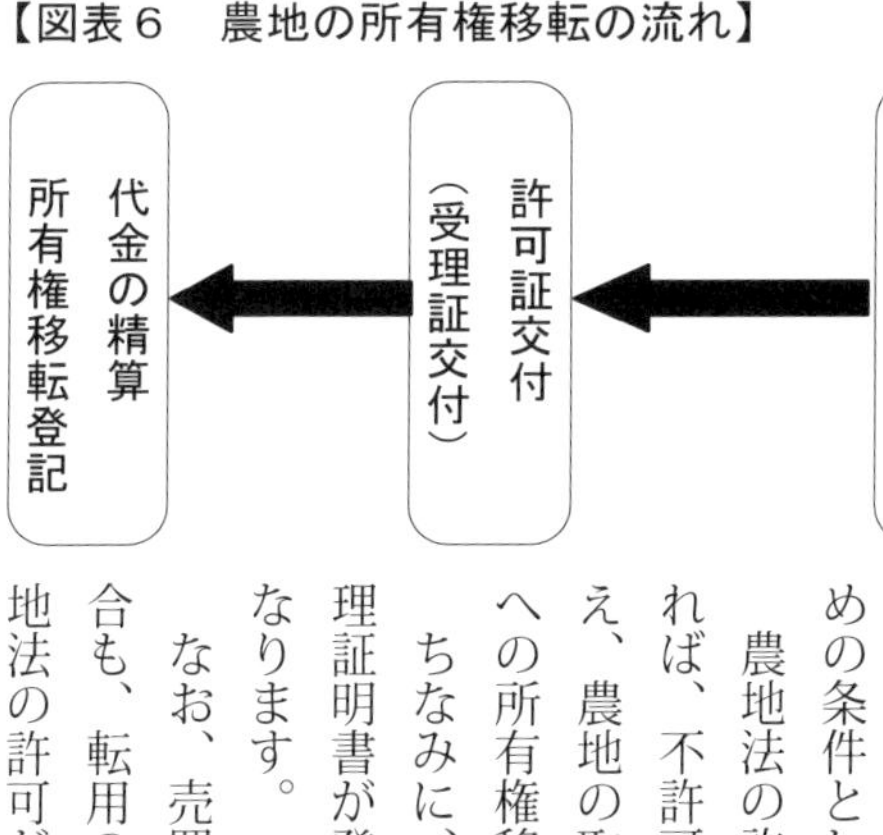

の移転が伴います。民法の第５５５条では、売買は売主と買主の意思表示のみで成立するとされていますが、土地の取引は高額な取引になることが多いため、売買契約の際は、買主から売主へ手付金だけが支払われて所有権は保留され、残金の清算の際に売主から買主へ土地の所有権が移転する、という特約をつけることが一般的です。

売買の対象となる土地が農地である場合、所有権の移転が成立するための条件として、「農地法の許可」を受けていることが加わります。

農地法の許可は、窓口と事前に打ち合わせつつ、申請が受け付けられれば、不許可になることはあまりありません。しかし、取引の安全を考え、農地の取引の場合は、許可が下りてから残金の清算がされ、法務局への所有権移転登記が行われるのが一般的です。

ちなみに、許可が不要な市街化区域内の場合は、農地転用の届出の受理証明書が発行された後に残金の清算と所有権移転登記、ということになります。

なお、売買ではない所有権の移転のケース、例えば「贈与」などの場合も、転用のあるなしにかかわらず、対象の土地が農地である場合は農地法の許可が必要となります。

農地転用＝所有権移転という誤解

少し話はそれますが、農地転用の相談を受けていると、他人の農地の転用には所有権の移転が必ず伴うという誤解によく遭遇します。これは、市街区域内での5条の転用届出の場合に、ほとんどのケースで所有権の移転が発生するためかと思われます。

市街化区域内の農地は、届出さえすれば容易に転用ができますが、自分のための農地の転用、例えばアパートを建てたりといった計画がなければ、固定資産が高く、保有し続けることが所有者にとって大きな負担となります。そのため、必然的に手放したい人が増えて、売買の対象になりやすいのです。

取引価値の高い市街化区域内の土地の売買は、不動産業者が仲介するケースがほとんどなのですが、不動産業者からすると、所有権移転を伴わない農地転用に関わることはまずありません。そのため、不動産業者にとっては、農地転用と所有権移転はセットになるのです。そして、不動産業者と関わることの多い人は、その影響を受けて同じように考えるようになるために、そうした誤解が生まれるのだと思います。

8　無断転用と罰則

無断転用をしている自覚がないことも

ここまで、農地の転用に関する基本的なことを述べてきました。割と自由に使うことができる宅地などに比べ、農地が管理の対象とされ、その転用がしっかり規制されていることがわかっていただけたかと思います。

しかし、実際には、許可や届出といった事前の手続を踏まず、無断で転用されている農地は多いのが現状です。

本格的に農業に取り組み、市町村ごとに組織される農業委員会の委員などを務めているような方であれば、農地法についてもよく理解されていると思いますが、農地の所有者が皆そうとはいきません。

実家を離れて遠方の都市部に住んでいたところ、農地を相続することになった。自分では管理もできないため困っていたところ、親戚づてにその土地を駐車場として貸して欲しいという人が出てきた。キチンとした手続をする余裕はないが、遊ばせておいても仕方がないので承諾して駐車場として使ってもらっている。といったように、農地法の手続について詳しく知る機会もない方も多いのではないでしょうか。

無断転用には厳しい罰則がある

しかし、残念ながら、農地法は法律ですので、知らなかったとしても無断の農地転用は違法行為です。

農地法の第64条には、農地法の許可を得ずに転用したり、虚偽をもって許可を受けた者に対する罰則の規定があります。それは、「三年以下の懲役又は三百万円以下の罰金」という非常に厳しい内容となっています。事前の手続は確かに面倒かもしれませんが、こうした厳しい罰則を考えれば、転用手続は必ず踏まなければならないと思われるのではないでしょうか。

無断転用をしてしまった場合はすぐに相談

無断転用をしてしまった場合の対応方法ですが、シンプルに分ければ2通りあります。原状復旧、つまり、農地の状態に戻すか、無断転用の状態で事後的に許可を取る、というやり方です。

そして、無断転用を表に出すのには抵抗があるかもしれませんが、いずれの方法を取る場合も、まずは窓口に相談することをおすすめします。窓口では、状況に合わせて最適な方法を教えてくれると思います。無断転用の経緯を伝え、反省の意を示せば、窓口の担当者はきっと味方になってくれます。心細ければ、まずは農地転用を専門に扱う行政書士に相談するのもよいでしょう。

無断転用を放置すると問題が大きくなる

無断転用をハッキリ自覚した場合にとにかく避けていただきたいのは、無断転用という違法状態を放置してしまうことです。しばらく経っても問題が起きなかったから大丈夫ということはありません。

例えば、自分の子が自分の農地を転用して家を建てる計画が持ち上がったとします。いざ正式に転用許可を取ろうとしたら、昔やってしまった無断転用の是正を先に求められたが、無断転用をした土地には建物が建っていて人に貸している。すぐには取り壊しができないので、事後的に許可を取りたいが、他の法令の許可も絡んでいて、そちらでは許可の見込みが立たないと言われた。結局、子の住宅のための転用計画が進まなくなってしまった。

このような状況での相談を私は受けたことがあります。こうなってしまうと、時間をロスするばかりでなく、最悪、計画がストップすることもあります。転用を放置して違法状態が固定化してしまうと、気づかないうちに問題が大きくなることがあるのです。

事後的な許可が許されないケースもある

原則として無断転用は原状復旧すべきですが、実際に原状復旧をするケースは多くないのが実情です。建物を建てている場合には、それを取り壊すのは経済的な損失が大きいですし、建物を建てていないとしても転用にはいくらかの費用がかかっているはずですので、それをまた費用をかけて戻すという選択肢は取りにくいでしょう。

しかし、事後的な許可が全く許されないことも当然あります。例えば、無断転用した農地が、先に触れた農用地区域内農地だった場合です。このエリアでの転用は、周辺の農地への影響が大きいこともありますし、農用地区域内農地には農業振興のための公共投資がされています。もし、無断転用を事後的に認めてしまうと、農業政策を根幹から否定することになりかねないため、原状復旧という選択肢しかあり得ません。

先に触れた生産緑地も同様です。あえて生産緑地としての指定を受け、税金の面での優遇も受けていますので、手続を踏まない転用は生産緑地法上の罰則の対象にもなります。生産緑地ではない市街化区域内の農地については、事後的な届出が許容されがちなのとは対照的です。

非農地証明という例外的措置

もともと農地であった土地が、長い期間にわたって農地ではない状態になっていることはよくあります。

例えば、放置された農地に樹木が生い茂り山林になってしまっていたり、相当昔から宅地だったが、登記簿上は農地のままになっているとか、先ほど述べた無断転用の状態が長期間続いているといった場合です。

このような場合に、今後農地として扱わなくする例外的な措置があります。それが、「非農地証明」という措置です。法的な根拠のない措置ですが、これを受ければ農地としての規制を受けない土地とすることができます。

「長い期間」というのがどの程度の長さなのかは市町村によって基準が異なりますが、短いところでは10年、長いところでは20年という基準を設けています。

長い期間農地でないという客観的な資料がないと証明が受けられませんし、悪質な転用や優良農地では証明を受けるのが難しいとは思いますが、祖父母の代から農地ではなかったというような場合は、窓口にこの措置が受けられないか相談してみるのもよいかもしれません。

非農地証明が受けられる具体的なケース

非農地証明を受けることができるような具体的なケースですが、例えば農業用倉庫の敷地となっているようなケースです。

先に、農業用倉庫のための敷地は２００㎡未満であれば転用の許可が不要であることを説明しましたが、２００㎡以上の面積の土地を農業用倉庫の敷地として無断転用しており、転用から40年以上経過していることが建物の固定資産の証明書で証明することができたケースがありました。

このケースでは、５００㎡近い土地の無断転用でしたが、現在宅地に囲まれている土地であったことや転用後の用途が農業用倉庫であったことで、非農地証明を受けることができました。

他には、相当前から宅地であったことが証明できたようなケースです。

道路に囲まれた一角の土地の一部が、かつては農地であったが、住宅の増築に際に自然と転用され、建物の登記記録も変更されていた。転用の手続をとっていなかったため、現在も台帳上は農地として記録されていたが、登記記録を見る限り、転用から50年以上は経過しているというようなケースです。

ちなみに最近では、都道府県によっては、非農地証明で済むような場合は非農地証明で済ませ、許可申請を無理に申請しなくてもよいとするようなところもあるようです。

【図表7　第1章チェックリスト】

①　転用したい土地は…

□現況が農地

□登記記録上、農地

□課税上、農地

→転用に許可（または届出）が必要な可能性が高い。

②　転用したい農地は…

□建物の敷地にする、駐車場にする、資材置き場にする

→転用の許可（または届出）が必要。

□農業用の倉庫・車庫の敷地にする

→転用の許可（または届出）は不要な可能性あり（他の手続について窓口と相談）。

③　転用したい農地は…

□市街化区域内

→転用の届出でOK。

□市街化調整区域内または線引きされていない地域

→転用の許可が必要。

④　転用したい農地は…

□農業振興地域内農用地区域内農地（青地）

□生産緑地

→転用は難しい。

⑤　転用したい土地には…

□すでに建物が建っている

□砂利が敷いてある、または舗装されている

→農地法違反の可能性あり。すぐに窓口か専門家に相談を！

第2章　転用する土地の選び方と事前相談

第1章で確認した基本的な知識を踏まえ、転用する土地の選び方と選んだ後の窓口での事前相談について説明していきます。

【図表8　甲種農地】

【図表9　第1種農地】

1　農地のランクと転用の可否

農地にランクがあることは第1章で触れましたが、実際には次のように分けられています。

農地のランクとその内容

①　農業振興地域内農用地区域内農地…今後も相当期間にわたって農業振興を図る「農業振興地域」として都道府県知事によって指定された地域内にあり、集団的に存在する生産性の高い優良農地。農業専用の土地として市町村長が指定している。転用をする場合には農地法の手続の前にその指定からはずしてもらう手続が必要な、別格の農地。

②　甲種農地…農用地区域内農地として指定はされていないが、やはり集団的に存在する生産性の高い優良農地。公共投資がされてから8年以内で、高性能な農業機械での耕作が可能。

③　第1種農地…10ヘクタール（10万㎡）以上の集団農地。公共投資がされており、農業生産力が高い。キレイに区画が整っている農地。

【図表10　第２種農地】

【図表11　第３種農地】

④　第2種農地…いずれ市街化する可能性のある区域の農地や、小集団の農地。公共投資はされていない農地。

⑤　第3種農地…市街地の中にある農地。周囲は宅地が多く、集団になっていない農地。市街化区域内であれば届出で転用が可能。。

高いランクの農地は原則転用不可

農業生産力を維持していきたいという農地法の趣旨から見ると、なるべく⑤から転用していって欲しいというのが行政側の意見となります。そのため、効率的な農業を営みやすい①から③までは、原則不許可とされています。

しかし、たまたま所有している農地がランクの低いものであればいいですが、ランクの高い農地しか所有していないということもあります。子が独立して家を建てたいというときに、住み慣れた地元に土地を所有しているにもかかわらず一切転用を許さないというのは少々酷な話です。

そのため、ランクの低い農地を所有していない場合は、仮にランクの高い農地でも転用はやむなしとなります。ただし、その場合も、なるべく集落に接しているような、「転用による周辺農地への影響が少ない土地を選んでください」となります。集落に接していない優良農地しかない場合、所有地があっても転用不可という判断が出ることもあります。

この土地でしか目的が達せられないというしっかりとした理由があれば、ランクの高い農地でも転用の許可を受けることができる可能性がありますし、考慮すべき点は農地のランクだけではありません。このランク付けの考え方は、参考程度にとどめておくのがよいと思います。

2 転用する土地の具体的な選び方

隣接地に農地は少ないほうがよい

転用する土地を選ぶ際にまず最初にチェックすべき点は、隣接地が農地であるかということです。農地は、宅地のように塀やコンクリートブロック、フェンスなどで囲むことはあまりないので、隣接地の状況に大きく影響を受けます。

例えば、隣も田である自分の田を転用するとします。水を大量に必要とする田は、水の流れを管理するために道路から見て低い位置にあります。そのため、転用の際は、大量の土を入れることも多いです。そうすると、隣の田に土が流入してはいけませんので、土をとどめるためのしっかりとした壁をつくる必要が出てきます。

これが田ではなく畑であったとしても、道路から見て低い位置にあれば同じような問題が生じますが、田と畑では使う水の量が違うため、若干水の問題は和らぎます。なので、田よりも畑のほうがおすすめとなります。

水以外に日照の問題もあります。建物を建てるとなると日陰が出ますので、それが隣接地にかかってしまうと作物の生育に影響を与える可能性が出てきます。

こうしたこともあって、隣接地が農地の場合の転用は、隣接地の所有者や耕作者の同意が必須です。悪い影響が出ないよう計画を立て、それをしっかりと説明できるようにしないといけません。周囲が農地でない場合、これらの問題はほとんど生じないため、転用もスムーズにいくことになります。

ライフラインが整っている場所を選ぶ

転用の目的で多いのは住宅の建築ですが、人が住む建物を建てる場合にまず考えるべきは、ライフラインです。付近に電線が通っていない場所は論外ですが、これは水道も同じです。給水のための上水道が通っていない場合、付近から引くことができたとしても、自分で引いてこなければいけないため、費用はかさみます。

また、下水道および道路側溝なども考慮すべきです。特に隣接地が農地の場合は、万が一にも生活排水が流れ込んではいけません。下水道がない場合は浄化槽を使えばよいのですが、キレイにしたとしても生活排水ではあるので、やはり隣接地に流れ込んではいけません。

そこで、浄化した水や転用した土地に降った雨水を集めて排水する道路側溝があるのかということが大切になります。

周囲に住宅が建っているような場所であれば、これらの問題は最初からクリアしていることが多いです。

土地の境界線はハッキリしているか

また、建物を建てる場合に大切なのは、土地の境界線です。これがハッキリしてないと、建物の位置を決めることも難しいです。隣接地に既に建物が建っている場合は、その建物を建てた際に境界線をハッキリさせていることが多く、さほど問題はありません。しかし、隣接地も農地の場合は、境界線があいまいなことも多いです。

もし、境界線がハッキリしないような土地を選ぶ場合、周囲の境界線をハッキリさせる確定測量をおすすめします。期間が2か月以上はかかりますし、費用も40万円以上はかかってしまいますが、今後長く使う土地ですから、かけるべきコストかと思います。境界線をいい加減に考えて塀などを設置した後に、それが実は隣の土地に越境していたなどということになってしまったら、シャレになりません。

この確定測量ですが、必ずうまくいくわけではないことを頭に入れておいてください。隣接地の所有者が行方不明であったり、境界線の位置で揉めているような場合は、非常に困難になります。

後で触れますが、法務局に備え付けてある土地の登記記録の1つである「公図」を取ってみて、その土地が正方形や長方形などきれいな形をしている場合は確定測量もスムーズにいく場合が多いですが、これが多角形であったり複雑な形状をしている場合、また、数多くの土地に接している場合は、確定測量にかかるコストが高くなることを覚悟しておいたほうがよいと思います。

なお、一筆の農地の一部を転用するという場合は、転用面積を図面で示す必要がありますので、原則確定測量が必要になります。

3　転用スケジュールと利用計画を立てる

「あらかじめ」では転用は認められない

農地転用の許可には、場所によっては申請から2か月ほどの時間がかかります。そうなると、いざ計画を進めようとなったときに素早く取りかかれるよう、あらかじめ転用許可を取っておきたいという方もいらっしゃるかもしれません。しかし、この「あらかじめ」という申請の仕方はできません。

差し迫った事情があるからこそ認めるというのが、あくまで農地転用の基本的な考え方です。「あらかじめ」と言ってしまうと、では必要になったときに申請してくださいとなってしまいます。

では、どのくらい先までの計画なら認められるのかということですが、明確な期限が設定されているわけではありません。しかし、許可から3か月後には工事などの進捗の報告が求められますので、工事などに取りかかれない特別な事情がない限りは、許可証の交付から3か月以内には転用のための作業に取りかかるべきかと思います。

「何となく」でも転用は認められない

次に、転用後の利用計画についてです。

わざわざ申請をして転用の許可を取るわけですから、例えば、将来、車庫や物置をつくりたくなったときのために、若干あそびのスペースも含めて許可を取っておきたいという方もいらっしゃるかもしれません。しかし、この「何となく」という転用部分を含んだ申請はできません。

必要最低限の面積のみ転用を許可すべきというのが、農地転用の基本的な考え方です。敷地一杯に建物がある必要はもちろんありませんが、建物のない部分については、例えば、駐車スペースや植栽・花壇といったように、何に使うのかをハッキリさせていかなければいけません。もし、どうしてもすぐにはつくらないカーポートなどのスペースを確保したい場合は、計画を立てて、いつまでに設置する予定なのかをハッキリ説明していくようにするといいと思います。

第1章でも少し触れましたが、以前は建築物などの建蔽率が敷地の20%を超えていないような計画は認められないというような運用がされていたこともありました。今は、そのような明確な基準はなくなってきているようですが、この建蔽率20％という数字は１つの目安にはなると思います。

雨水の排水計画をしっかり立てることが大切

農地を転用して住宅を建てる場合に、生活排水の処理をどうするのかが重要なポイントの１つとなることは先に述べましたが、建物を建てないような転用、例えば、資材置場や駐車場、太陽光パネルの設置などの場合も、敷地内に降った雨水の排水をどうするのかは重要なポイントとなります。

農地を転用するわけですので、舗装をする場合はもちろん、舗装までしなかったとしても防草シートを敷いたりと、今までは自然に地面に浸透していた雨水が、農地ではなくなったことでうまく浸透しなくなります。太陽光パネルの設置ともなるとかなりの広さの転用になりますので、雨水をうまく処理することは非常に大切です。

一時期急激に増えた太陽光パネルの設置を目的とした農地の転用によって、おそらくトラブルが起きたせいもあると思いますが、自治体によっては、１０００㎡を超える転用の場合に雨水の流量の計算書を添付するような条例手続を求めるところもあります。

仮に細かな資料までは求められないとしても、最近は大雨による災害も多くなってきていますので、雨水の排水には気を遣うべきかと思います。必要に応じて独自に側溝を設けるなど、後々のトラブルを防ぐための対策はきちんと立てていくのがよいと思います。目先のコストを惜しんで、将来巨額の賠償責任を負ったりすることのないようにしていきたいものです。

4　窓口での相談前に揃えるべき書類

土地の地番を正確に把握

さて、転用したい農地が絞れてきたら、いよいよ次は窓口での具体的な相談になりますが、その相談のための資料となる書類を先に揃えます。

まずは登記に関する書類ですが、これらは土地の地番が正確にわかっていないと取得ができません。

固定資産税の課税明細書や役所で取得できる固定資産の名寄帳（所有している不動産の一覧）などを参考にして、まずは土地の地番を正確に把握してください。

土地の登記事項証明書（図表12）

第1章の最初で触れた、土地の筆ごとにつくられる登記記録を証明書として発行したものです。土地の所在と地番（場所）・地目（用途）・地積（面積）・所有者が記載されています。

以前は、登記記録が紙で管理（今はもちろんコンピュータで管理）されており、その紙をコピーし、印を押して証明書として発行していたため、「登記簿謄本」と呼ばれていました。その名残で、いまだに多くの方が「登記簿謄本」と呼んでいます。

【図表 12　登記事項証明書】

県市丁目１６２　　　　全部事項証明書　　　（土地）

表題部（土地の表示）		調製	平成１５年２月１０日	不動産番号	
地図番号	余白	筆界特定	余白		

所在		
所在	市大字字	余白
	市丁目	平成１５年３月３日変更 平成１５年３月３日登記

①地番	②地目	③地積 ㎡	原因及びその日付〔登記の日付〕
２１番１	畑	３７６	余白
１２７番	畑	４１０	昭和４８年７月２４日土地改良法による換地処分 〔昭和４８年８月２３日〕
余白	余白	余白	管轄転属により登記 平成１５年２月１０日
１６２番	余白	余白	①変更 〔平成１５年３月３日〕

権利部（甲区）（所有権に関する事項）			
順位番号	登記の目的	受付年月日・受付番号	権利者その他の事項
1	所有権保存	昭和４５年４月１３日 第７３２４号	所有者　市大字字番地 代位者　市大字字番地 土地改良事業共同施行 代位原因　土地改良登記令第２条 順位１番の登記を移記
	余白	余白	管轄転属により登記 平成１５年２月１０日
2	所有権移転	平成１８年６月２１日 第１８７１６号	原因　平成１８年２月１９日相続 所有者　市一丁目番地

これは登記記録に記録されている事項の全部を証明した書面である。ただし、登記記録の乙区に記録されている事項はない。

（法務局支局管轄）

令和２年８月６日

法務局支局　　　　登記官

＊　下線のあるものは抹消事項であることを示す。　　　整理番号　Ｋ８８２７０　（　１／１　）　　１／１

【図表 13　公図】

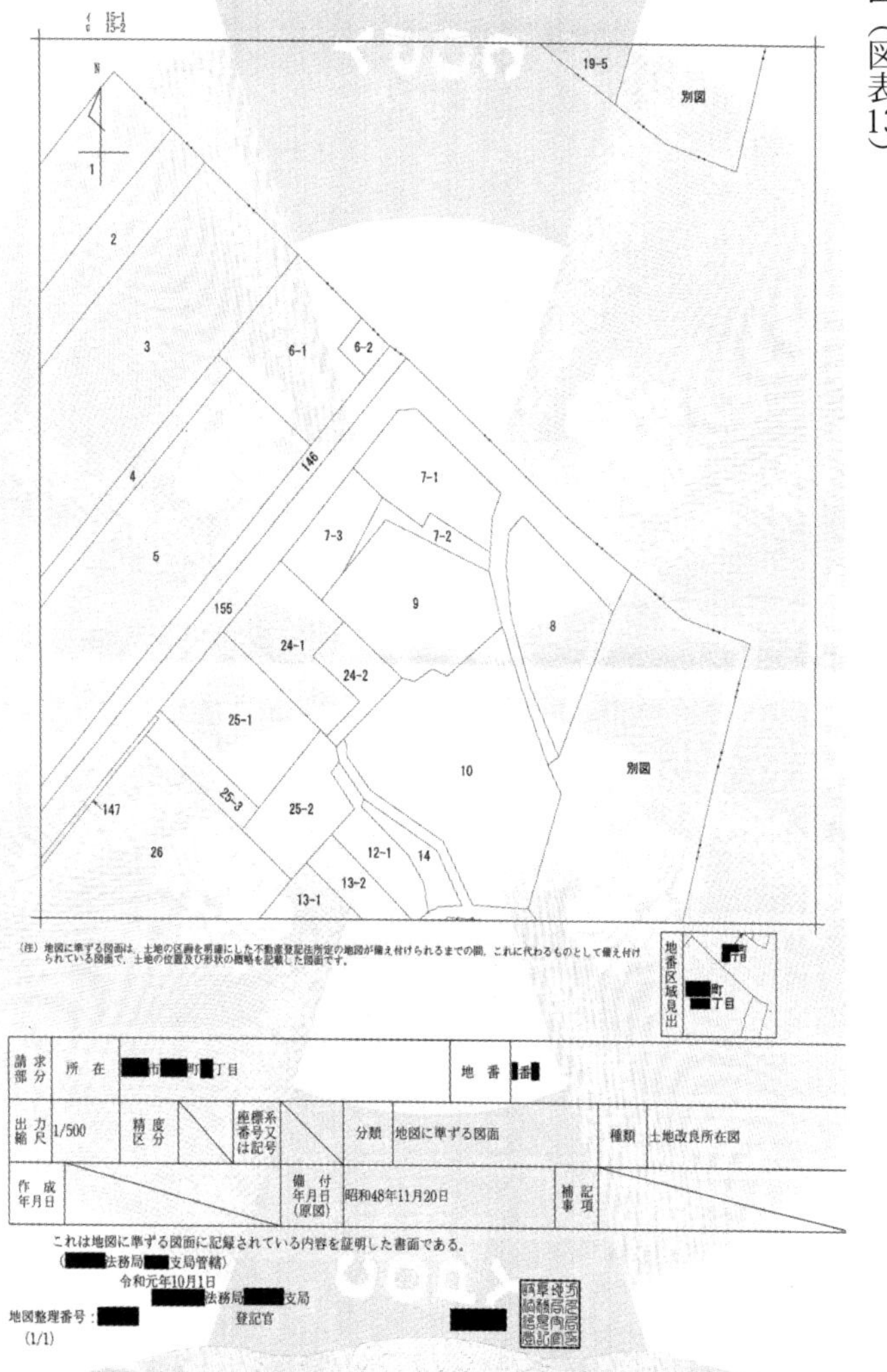

15-1
15-2
N
19-5
別図
1
2
3
4
5
6-1
6-2
146
7-1
7-2
7-3
9
8
155
24-1
24-2
25-1
25-2
25-3
10
別図
147
26
12-1
14
13-2
13-1
（注）地図に準ずる図面は，土地の区画を明確にした不動産登記法所定の地図が備え付けられるまでの間，これに代わるものとして備え付けられている図面で，土地の位置及び形状の概略を記載した図面です。
地番区域見出
町
丁目
町
丁目
請求部分
所在　市　町　丁目
地番　番
出力縮尺　1/500
精度区分
座標系番号又は記号
分類　地図に準ずる図面
種類　土地改良所在図
作成年月日
備付年月日（原図）　昭和48年11月20日
補記事項
これは地図に準ずる図面に記録されている内容を証明した書面である。
（　法務局　支局管轄）
令和元年10月1日
法務局　支局
登記官
地図整理番号：
（1/1）

土地の形状と周囲の土地との関係を表した図面です。「字絵図」や「更正図」という呼び方もあります。

いわゆる地図なのですが、住宅地図などとは違い、土地の境界線だけが入っているシンプルな図面です。都市部では比較的精度の高いものが備えられていますが、農地の多い地域のものはややアバウトなものしかないこともあります。

登記関係書類の取得方法

登記事項証明書と公図は、どの法務局（およびその支局・出張所）でも、全国のすべての不動産のものが取得できます。また、法務局から遠い市町村には、役所の中に専用の発行機があることもあります。取得するための手数料は、法務局の窓口や専用の発行機での取得の場合、登記事項証明書が一筆６００円、公図が1枚４５０円です。

手数料は、収入印紙で納付しますが、収入印紙を貼った発行の請求書（法務局においてあるほか、インターネットでダウンロードも可能）を返信用封筒付で送ることで、郵送での取得もできます。

土地の情報があいまいな場合は、窓口で相談しながら取得できる法務局での取得をおすすめします。

なお、法務局の窓口は、朝8時30分から夕方5時15分まで開いており、専用の発行機は朝９時から夕方4時30分まで利用できます。

これ以外にインターネットバンキングを利用した取得方法（登記・供託オンライン申請システム）もあり、手数料が安くなりますが、利用者登録が必要な上、請求方法もやや複雑です。繰り返し登記関係の証明書を取得するような職業ならともかく、めったに登記に触れる機会のない方にはおすすめしません。

時間のない方はまず情報のみ取得

登記事項証明書と公図の内容は、法務局で証明書を取得しなくてもインターネットで閲覧でき、PDFファイルとして取得することが可能です。「登記情報提供サービス」というこのシステムは、平日であれば朝8時30分から夜の9時まで利用できるため、忙しい方にも利用しやすくなっています。

クレジットカードさえあれば利用できますし、手数料も登記事項証明書の情報が３３４円、公図の情報が３６４円と安くなっています。あくまで情報ですので、申請の段階で添付する証明書としては使えませんが、内容は登記事項証明書と全く同じなので、相談の資料としては問題ありません。

固定資産の一覧

不動産の正確な地番を確認するための資料として触れた固定資産の課税明細書ですが、できればこれも相談の際に持参するのがよいと思います。課税明細書がなければ、市町村の役所の税務課で名寄帳を取って代わりにします。

これは、他に転用の候補となる土地があるかどうかの確認のための資料になります。特に、ランクの高い農地を転用したいときなどは、他に利用できそうな土地がないとわかれば手続に向けて大きく前進することができます。転用を希望している土地以外の土地の転用をすすめられる可能性もありますが、これがあれば具体的な話ができるので、いずれにせよ計画が進めやすくなります。

住宅地図など

転用を希望する農地の周辺の状況がわかる住宅地図なども用意しておくとよいと思います。インターネットで閲覧できるものをプリントアウトしてもよいですが、縮尺がややわかりにくくなっていますので、できれば都市計画図の２５００分の１の切図を用意するとよいと思います。役所の都市計画課などで１００円～２００円程度で取得することが可能です。市町村によっては、インターネット上で閲覧・ダウンロード可能なところもあります。

住宅地図・都市計画図は、転用を希望する土地の周辺にどの程度建物が建っているかの確認に使います。

5　相談する窓口と聞くべきポイント

相談窓口は農業委員会事務局

相談のための資料が整ったら、窓口へ相談に出向きます。電話でも多少の相談はできますが、土地に関することは、やはり地図や公図などの図面を見ながらでないとしにくいため、窓口に足を運ぶべきです。

相談および申請の窓口となるのは、市町村ごとに設置されている農業委員会の事務局です。

役所の中に入っていますが、「農業委員会事務局」と表記してある場合もあれば、「農政課」などという部署の中にある場合もあります。普段はなかなか訪れることのない部署ですので、案内係の方などに聞くとよいと思います。

【図表14　相談窓口】

まずは「青地」か「白地」かの確認から

窓口で最初に確認すべき点ですが、まずは転用を希望する農地が農業振興地域内農用地区域内の農地、通称「青地」か、それ以外の農地、通称「白地」かということです。

あえて優良農地である青地を優先して転用したい方は少ないとは思いますが、中には優良農地には見えないのに青地に指定されているような農地もありますので、もしかしたら青地を選んでしまっているかもしれません。

もし、転用を希望する農地が青地だった場合、転用の許可申請の前に踏むべき手続があるために大幅にスケジュールが変わります。

また、他に転用ができそうな白地も所有している場合は、そちらからでないと原則転用はできません。窓口の方もその点はよくわかっているので、最初に確認してくれるとは思いますが、転用の相談は青地と白地の確認からスタートすると考えてください。

転用のしやすさ（農地のランク）はどうか

次に確認すべき点は、転用を希望する農地のランクです。先にそれぞれのランクの基準について触れましたが、転用がしやすいかどうかを一番シンプルに判断する方法は、その農地のあるブロック（道路で囲まれたひとかたまりの土地）の中の土地がどの程度転用されているかということです。ブロックの中がほとんど転用され、転用を希望する農地しか残っていない場合などは、もはや転用に支障がないとされますし、逆に全く転用されていない場合は難しくなる可能性があります。

いずれにせよ、これも窓口で判断してもらうのが一番早いです。

農業委員会は、市町村ごとにあるため、農地の転用に対する考え方も市町村ごとに大きく違います。一見、周囲が農地ばかりで転用できないように見えるところも、意外とランクが低くて転用がしやすいということもあります。

他法令の規制についてもできる限り情報を

第３章で具体的に述べますが、農地の転用をするためには、農地法の許可以外の法令の許可が必要になるケースが多くあります。

特に、市街化調整区域で建築をする場合には、都市計画法上の許可が必要で、この場合は農地法よりも都市計画法の規制のほうが一般的に強くかかっています。そのため、場合によっては、農地法の許可の見込みよりも先に都市計画法の許可の見込みを立ててくださいと窓口で言われることがあります。

また、市町村独自の条例に関する手続がないかについても聞いておくのがよいと思います。特に転用を希望する面積が広い（1000㎡を超える）場合は、条例に関する手続において、雨水をどのように処理するのかについての具体的な資料の提出が求められる可能性があります。

土地改良区の手続の有無をチェック

それ以外に必ずチェックすべき点は、土地改良区に関する手続の有無です。

土地改良区とは、土地改良法という法律を根拠に設立される組織で、農業従事者が集まって農業用水の確保や農業用水路の整備、農地の区割りの整理など、農業生産力を高めるための事業を行う法人です。

土地改良区の区域内に農地を所有する人は、この法人の組合員になり、事業を行うための資金を負担しています。土地改良区の区域内の農地（「受益地」と呼びます）を転用する場合には、その農地を土地改良区の受益地から除外する手続が必要になります。

土地の所有者であれば、転用を希望する農地がどの土地改良区に属しているかを把握しているかもしれませんが、毎年負担金を払っているような土地改良区ならわかりやすいものの、中には負担金がなく、形だけ残っているような土地改良区もあります。なので、窓口でどの土地改良区での手続が必要であるかは必ずチェックしてください。

また、転用を希望する農地の中に畑かん（畑に散水するための給水栓）がある場合は、その撤去が必要になりますので、併せて相談してください。

知らずに準備を進め、いざ申請しようとしたときに、先に土地改良区の手続をしなければ受け付けてもらえないとなっては、スケジュールが大きく狂ってしまいます。

転用によって固定資産税がどの程度上がるのか

農地法の話からは外れますが、農地の転用後にどの程度固定資産税が変わるかについてもチェックすべきかと思います。

大都市では、農地も宅地並みに課税されているケースが多いですが、特に市街化調整区域では農地の固定資産税は宅地に比べて非常に安くなっています。

これが、転用によって宅地などになれば固定資産税は確実に高くなりますので、事前にどの程度変わるのかの目安をつけておくのもよいと思います。

固定資産税は、市町村が徴収する税金のため、市町村の役所の税務課などで聞くようにしてください。

【図表15　第２章チェックリスト】

①　転用したい農地は…

□農地に囲まれている

→転用による周辺農地への被害を防ぐための費用が必要。

□上下水道、道路側溝は整備されているか

→なければ整えるための費用が必要。

□隣接地との境界があいまい

→境界確定のための測量費用が必要。

②　転用は…

□許可だけ先に取って具体的な計画はその後で…

□使うスペースよりも広めに許可を…

→必要なときに、必要な広さだけしか認められない。

③　窓口での相談のための資料

□土地の登記事項証明書

□公図

□固定資産の一覧（固定資産の納税通知書、固定資産の名寄帳）

□周辺の建物の状況がわかる住宅地図

④　農業委員会の事務局で確認する点

□転用したい農地は白地？　青地？

□転用はできそうか？

□他法令の規制はあるか？

□土地改良区の手続はあるか？

第3章　転用の申請前にすべき他の手続

本章では、農地転用の許可申請に向けて、申請前にこなしておかなければいけない可能性のある他の手続を具体的に見ていきます。

1　土地に対する権利の整理

相続が発生している場合の手続は済んでいるか

所有者に相続が発生している場合は、遺産分割協議などで誰が相続するか決まっていなければ転用の手続は進められません。

相続について争いがある場合は、先に解決しなければいけませんし、円満な相続の場合も遺産分割協議書などの権利関係のわかる書類がなければいけません。そして、所有者が確定しているのであれば、それが登記されていることが望ましいです。

不動産の権利に関する登記をするかしないかは任意なので、遺産分割協議書などで実体上の所有者を示して転用の手続を進めることも可能です。しかし、提出する書類も増えてしまうので、そこまで書類が揃っているのなら登記までしておいたほうが後々楽です。

相続人が遠方に住んでいてこれらの手続に時間がかかることもありますので、相続の手続が済んでいない場合は、まず相続の手続を進めてください。

所有権以外の土地に対する権利はないか

所有権以外の土地に対する権利はいろいろな種類があります。

借金などの担保に入っていれば抵当権や根抵当権、土地を貸していれば地上権・質権・永小作権・使用貸借権・賃借権、他の土地のために利用することを承諾する地役権や、売買の予約権などが設定されていることもあります。これらは、第三者からの割込みを防ぐために登記されている（使用貸借権のみ登記できません）ことが多いです。

まず、抵当権や根抵当権ですが、これは私人間の取引なので、直接農地転用の許可を妨げるものではありません。しかし、土地を担保に取っている者から見れば、その土地がどのように利用されているのかは大きな関心事ですので、転用をする場合は担保権者に事前に相談すべきです。

また、転用して建物を建てる場合には、借金をすることが多いので、その場合は、新たな抵当権を設定する前に現在設定されている抵当権を抹消しておくことを求められる可能性もあります。

地上権から賃借権までは、設定をするのに農地法の許可が必要です。

地役権は、上空に電線を通すときなどに設定されています。地面を使うものでなければ転用に支障はないので問題ありません。

売買の予約権は、「仮登記」という形で登記してあることがまれにあります。この場合は要注意です。借金をして建物を建てるような場合は、土地が担保に入ることがほとんどなので、当然に仮登記の抹消を求められます。しかし、仮登記は設定されている時期が古いものが多く、関係者をつかまえるのが難しいのです。司法書士などの専門家に依頼しても、抹消までに長い時間がかかる可能性があります。

登記されていない「利用権」はないか

農地を他人に貸すには、転用をしないとしても農地法の許可がいります（農地法第3条）。しかし、農業経営力の強い農業従事者への農地の集約を目的として、例外的に許可を受けずに賃借権や使用貸借権が設定されていることがあります。これは、「利用権」などと呼ばれ、登記がされない権利ですので、登記記録では確認できません。

この利用権の設定には、やはり手続が必要となりますので、これが設定されているかどうかは所有者が把握していると思いますが、詳細がわからなければ、窓口で確認してみてください。転用許可の申請の際には、この「利用権」も解除されている必要がありますので、事前に解除の手続をしてください。

2　確定測量・分筆登記

多くの場合で測量は必須

土地に建物を建てる場合には、その建物をどこに配置するかを決めなければなりませんが、通常、隣の土地との境界線からの距離でその配置を決めます。そうなると当然、境界線がハッキリしていなければなりません。

しかし、農地を転用して建物を建てる場合、隣の土地も農地であることが多いため、この境界線

【図表16　分筆に確定測量は必須】

がハッキリしていないということはよくあります。

こんなときに必要になってくるのが、土地の境界線を決める「確定測量」です。

測量には数か月の時間がかかる

確定測量をする際には、道路との境界（官民境界）を決める立会いとお隣さんとの境界線（民民境界）を決める立会いをしなければなりませんが、官民立会いについては申し込んでから立会いまで1か月以上かかるような自治体もあります。そのため、確定測量が必要な場合は、なるべく早く着手することが大切です。

また、転用したい農地が広く、全部を転用することができない場合は、土地を分けて登記（分筆）した上で許可を取らなければいけませんが、分筆には確定測量が必須となります。

申請地が市街化調整区域内の場合、分筆の登記まで完了していないと農地転用許可の申請を受け付けてもらえない市町村もありますので、場合によっては、確定測量は申請の2か月以上前から動き出さなければいけない計算になります。

それなりの費用のかかる確定測量ですので、転用の見込みもない状態で着手することはできませんが、転用の見込みが立った際には真っ先に着手していくべき作業となります。

測量のいらないケース

多くの場合で必要となる確定測量ですが、費用も時間もかかるので、やらなくて済むのであればやらないに越したことはありません。

例えば、面積も大き過ぎず、周囲がすべて宅地で、境界のポイントを示す杭などの境界標がしっかり入っている場合などは、確定測量は不要です。仮に周囲が農地であったとしても、農地の区割りの整理がここ10年くらいの間に行われていて、しっかりと杭が入っていれば、やはり確定測量までしなくていいこともあるかもしれません。

また、建物を建てない場合、駐車場や資材置場、太陽光パネルの設置など、境界線をシビアに考えなくて済む場合も問題はないかもしれません。ただし、この場合も境界線付近にコンクリートブロックを設置するのであれば越境をしないよう気を遣わなければいけません。

3 農業振興地域整備計画の変更(農振除外の申出)

「青地」の転用は最低半年以上かかる

農業振興地域内農用地区域内農地、通称青地を転用するのが非常に難しいことについては前にも触れましたが、そもそも青地は青地のまま転用許可の申請をすることができないことになっています。

様々な条件をクリアして青地の転用の見込みを得た後に、まずすることになる手続が、農業振興

【図表 17　農用地区域内農地の転用手続の流れ】

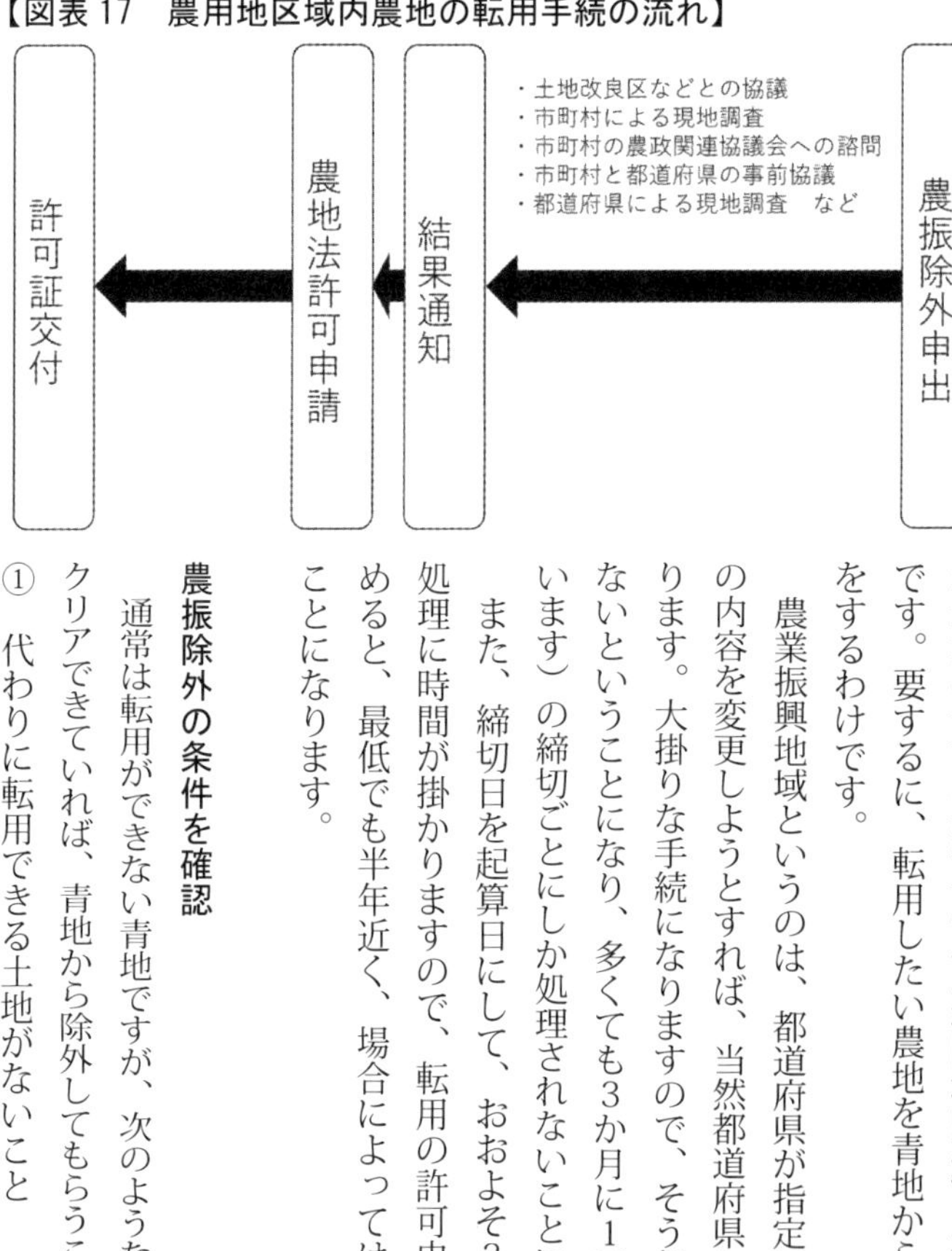

地域整備計画の変更（農用地区域除外）、通称農振除外の申出です。要するに、転用したい農地を青地からはずすようお願いをするわけです。

農業振興地域というのは、都道府県が指定していますので、この内容を変更しようとすれば、当然都道府県との協議が必要となります。大掛りな手続になりますので、そう頻繁にやるべきではないということになり、多くても３か月に１回（市町村ごとに違います）の締切ごとにしか処理されないことになります。

また、締切日を起算日にして、おおよそ３か月から１年程度処理に時間が掛かりますので、転用の許可申請の処理期間を含めると、最低でも半年近く、場合によっては１年数か月かかることになります。

農振除外の条件を確認

通常は転用ができない青地ですが、次のような多くの条件がすべてクリアできていれば、青地から除外してもらうこともできます。

①　代わりに転用できる土地がないこと

② 周囲の農地への影響が少ないこと
③ まとまった農地（10 ha 以上）の1角ではないこと
④ 周辺で農業を営む者の効率的な農地利用を妨げないこと
⑤ 農業用水路の流れを妨げないこと
⑥ 土地改良事業など、農業生産力を高める事業が終わってから8年以上経っていること
⑦ 具体的な計画があり、確実に転用をすること

農振除外の手続の内容は、農地転用の許可とほぼ同じになりますが、農業用水路を管理する地元の土地改良区からの同意がないと進まないので、事前に協議をしておかなければいけません。

なお、農振除外の申出を行う窓口は、農業委員会事務局ではなく、市町村の農政を扱う部署になりますが、基本的に役所の同じところと思っていただいて差支えありません。

後で触れますが、申出の書類が市町村を経由して都道府県へと送られる流れも、農地転用の許可と基本的に同じです。

4 土地改良区での手続

転用する農地を土地改良区からはずすための手続

窓口での事前相談の際に、土地改良区の手続が必要になるかどうかについて確認してくださいと

述べました。これは、これまで土地改良区の事業からその土地が利益を受けてきていたが、転用をすることで農地ではなくなるので、今後は利益を受ける土地（受益地）からはずしてくださいという意味の手続です。

農地の場所によっては、どの土地改良区の受益地にもなっていないこともありますが、それなりに高い確率でどこかの土地改良区の受益地となっています。複数の土地改良区の受益地になっていることもあり、その場合はすべての土地改良区で手続が必要になります。

土地改良区は、農業従事者の集まりで、自治的な組織ですので、市町村に属しているわけではありませんし、そのエリアも市町村をまたいでいることがほとんどです。そして、その事務局も、役所からは離れた場所にあることが多いです。住所や連絡先は、農業委員会の窓口で教えてくれます。

手続のやり方

受益地からの除外のための手続には、それぞれの土地改良区で専用の書式があります。書式自体は難しいものではなく、転用する土地の所在や面積などを登記記録どおりに記入するだけです。ただし、書式は、インターネットでダウンロードなどはできないこともありますので、実際に事務局まで出向くか、FAX などで送ってもらうというひと手間がかかります。

受益地からの除外申請は、随時受け付けられることが多いですが、土地改良区によっては月１回の締切を設けていて、まとめて処理をするという体制のところもあります。そのため、早ければ１

週間ほどで処理が終わりますが、場合によっては1か月ほど時間がかかることがあります。

この受益地からの除外の手続は、青地などの優良農地を転用する場合はともかくとして、審査があるわけではありません。転用の目的や建物の配置図の提出を求められることもありますが、その内容で申請が却下されることは基本的にないと思っていただいていいと思います。

土地改良区の手続は早めに進める

農地転用の許可申請の際には、土地改良区の手続が終わり、その証となる「意見書」という書類を添付することが求められます。もし、これが間に合わないと、農地転用の許可申請の処理が翌月に回されてしまいますので、要注意です。

また、土地改良区は、通常、いくつかの地区に区分けがされていて、地区ごとに役員さんがいます。受益地からの除外申請の際には、その方に事前に会いに行き、了解の印をもらうという作業があります。役員さんは、事務局などの窓口にいるわけではないので、印をもらうときは役員さん自身のお宅に伺うことになります。当然、先方の都合もありますので、余裕をもって連絡を取るようにしてください。ちなみに役員さんの連絡先は、土地改良区の事務局で教えてくれます。

受益地からの除外の手数料など

土地改良区の受益地からの除外申請には、通常、手数料などがかかります。登記記録上の地目が畑の場合は、さほどかからないことが多いですが、この地目が田の場合は高額になることがあります。

大量に水を使う田に対しては、そもそも水路の整備などにお金がかかっていて、毎年そのメンテナンスにかかる費用を分担しています。転用する土地は、今後この分担金がかからなくなるため、しばらくの間の分をまとめて決済金として払うのです。

土地改良区での手続にかかるお金は、手数料としての定額部分と、転用面積に応じた従量部分に分かれています。転用する土地の登記記録上の所在と地目、転用する面積がわかれば、この費用がわかりますので、登記記録を用意して電話などで問い合わせてください。

手数料や決済金の支払いを済ませるまでは土地改良区での手続が終わりませんので、手続全体が滞ることのないよう、しっかりと事前にチェックしてお金を用意しておいてください。

5　都市計画法の許可申請

市街化調整区域では自由に建物が建てられない

市街化調整区域で住宅などの建物を建てることを目的として農地を転用する場合、都市計画法上の許可（開発許可・建築許可）も必要になります。戦後の高度経済成長期に深刻になっていた乱開発の問題に対応する形でつくられた都市計画法では、市街化調整区域に建てられる建物の種類や建てることができる人が限られています。

市街化区域と市街化調整区域の線引きは、三大都市圏（首都圏・近畿圏・中京圏）および政令指定都市、地方中枢都市や県庁所在都市、その他人口が10万人を超えるような都市でされています。線引きがされた時期はまちまちで、昭和40年代にされたところもあれば、平成に入ってから線引きがされたところもあります。市町村合併によって後づけで線引きされたところもあるので、市町村の中で地域によって線引きの時期が分かれていることもあります。

転用する農地が絞れたらすぐに都市計画法の相談を

優良農地を転用する場合でない限り、農地法よりは都市計画法の許可を受けることのほうが難しいため、ある程度転用を希望する農地が絞れたら、都市計画法の許可の見込みを立てることをまず優先してください。

都市計画法の許可については、人口が10万人を超えるような規模の都市であれば、市役所の「都市計画課」「開発審査課」「建築指導課」などといった名前の部署が担当し、人口の少ない市町村では、都道府県の「建築（指導）課」「開発審査課」などといった部署が担当しています。

ただし、都市計画法の許可については、要件も多く、許可見込みを得るための資料集めの段階で大変な作業になることが多いです。市街化調整区域での建築がある場合は、農地転用や開発許可を専門としている行政書士に農地転用の手続を含めて丸ごと依頼するのをおすすめします。

農地転用と都市計画法の許可は同時申請・同時許可

市街化調整区域では、農地転用の許可が処理に2か月近くかかるのに対し、都市計画法の許可はスムーズに進めば1か月ほどで処理が終わります。ただし、この2つの申請は、片方の許可だけが下りても意味をなさないことから、同時申請・同時許可が原則になります。

毎月締切がある農地転用の許可申請とは違い、都市計画法の許可申請には締切が設定されているわけではありませんが、市街化調整区域に限って言えば、農地転用の許可申請の締切が、イコール都市計画法の許可申請の締切ということになります。農地転用の許可申請の準備は整っているが、都市計画法の許可申請の準備ができていないためにスケジュールがずれてしまったというようにならないために、計画的に進めるようにしてください。

6　道路後退（セットバック）に関する手続

建物を建てるためには4ｍ以上の幅の道路が必要

農地の転用をするかしないかにかかわらず、建物を建てる際に守るべき法律として「建築基準法」という法律があります。いい加減につくられた建築物によって人的・経済的な損害が生じることを防ぐため、建築物の構造などに最低限の基準を設けている法律です。

この建築基準法では、都市計画区域および準都市計画区域（ある程度都市化が進んで、開発や建築をコントロールしなければいけない地域）での建築物の敷地は、道路に2ｍ以上接しなければならない（建築基準法第43条）としています。そして、ここでいう「道路」とは、幅が4ｍ以上のもの（建築基準法第42条）とされています。

舗装されている道には、車線も多く幅が広いものから、自動車がすれ違うことのできないような幅の狭いものまで様々なものがあります。建築物の敷地に接する道路に4ｍ以上の幅が求められる地域は、長い時間をかけて広がっていったため、今でも狭い道に沿って建物が建っている場所も多くあります。しかし、新たに建築をする土地の前に幅の狭い道しかない場合は、敷地を削って4ｍの幅を確保しなければいけません。これを道路後退（セットバック）といい、その際にはやはり役所での手続が生じます。

道路後退の手続の内容

この道路後退の手続の窓口は、市町村の役所の「道路課」や「土木課」といった名前の部署になります。道路後退の手続は、その呼び方も市町村ごとに様々で、シンプルに「道路後退に関する申出」というような場合もあれば、「狭あい道路に関する協議」というような表現の場合もあります。

いずれにせよ、建物の敷地の前面の道路に4ｍ以上の幅を確保するためにどれだけの敷地を道路とみなすのかを測量図で示し、現地でそれを明示するためのピンまたは杭を受け取って設置し、報告するといった流れになります。図面をつくったり、ピンなどを打ち込む作業がありますので、確定測量を実施している場合は、それを担当している土地家屋調査士などにまとめて依頼するのがよいと思います。

道路とみなした部分については、分筆して市町村に寄付するか自己管理するかを選択するのですが、自己管理とはいっても舗装をしなければならないわけでなく、人や自動車が通れるよう、構造物を設置しないようにすれば大丈夫です。

なお、この道路後退の手続は、農地転用の許可申請と直接関係するものではありませんが、市街化調整区域での都市計画法の許可申請には道路後退の面積を計算に入れた上で計画図を出すことになりますので、結果的に必要となる手続です。スケジュールにこそ影響は与えませんが、着実に進めるようにしてください。

7　道路・水路の占用許可申請

公共物の一部を使う＝占用には許可がいる

道路・水路の「占用」とは、道路や水路を部分的に継続して使うことを言います。

道路や水路は、そのほとんどが公共物ですので、個人が自分のためだけに使うことはできません。しかし、占用をしなければ生活や事業が営めない場合には、特別に許可を受けて占用することができます。

農地を転用すると、今までは地面に自然に浸透していた雨水が浸透しなくなります。そのため、地表に降りそそぐ雨水が周辺の土地に流入しないよう、集めてしかるべき場所へ放流しなければなりません。

【図表18　道路の占用】

【図表19　水路の占用】

　雨水は、川に集まっていずれ海へ流れていくわけですが、その川までのルートを確保しなければいけないのです。
　都市部であれば、道路に接している部分に側溝が入っている確率が高いのでそこへ放流するだけなのですが、農地が広がっている場所では、道路に接している部分に側溝が入っていない場合も多いです。
　そんなときに、道路の反対側に側溝が入っている場合には道路の下に排水管を設置して雨水を処理したり、たまたま水路にも接しているなら排水管をのばして水路へ雨水を流すことが必要になります。
　また、転用する敷地と道路の間に水路がある場合があります。水路に橋をかけないと道路には出られない場合には、橋をかけて継続的に使う際に水路占用の許可が必要になることもあります。

道路・水路占用の手続の内容

　理由があって申請する道路や水路の占用許可が通らないことは通常はありませんが、この手続は農地転用の許可を進める中で、先に許可を得ておくことを求められます。水の排出先が確定していない転用計画には許可は出せないという意味合いです。そのため、占用の許可申請についても、農地転用の許可申請と同時に出すのが基本です。

　窓口となるのは、道路であれば市町村の道路課や土木課、水路の場合は市町村の河川課や土木課になりますが、もし水路が市町村の管理するものではなく地元の土地改良区などの管理するものであった場合は、その管理者に承諾を得なければいけません。

　土地改良区は、自治的な組織ですので、必ず承諾が得られるわけではありません。水路への排水を希望する場合は、事前の交渉を先に進めるようにしてください。

　道路・水路許可の申請内容は、どこに何を設置するのかの説明です。添付書類として、どこの占用なのかを大きめの地図と公図で示し、排水管を設置する部分の面積や周囲の状況がわかる平面図と最終桝などの構造図、排水管の縦と横の断面図に現況の写真を添付するのが一般的です。

　なお、水路の占用許可は、「公共用物の使用許可」といった名前で呼ばれることもあります。

8　道路・水路に関する工事の承認申請

道路や水路の工事が必要なケース

　道路や水路の占用許可の項でも触れましたが、農地が広がっているようなエリアでは、道路に接している部分に側溝が入っているとは限りません。道路の反対側に側溝が入っていれば、道路の下に排水管を通せばよいのですが、道路の反対側にも側溝がない場合はどうしたらよいでしょうか。

そんな場合、もしお隣の土地に住宅が建っていて、すぐ近くまで側溝がきていたとしたら、それを少し延長すればよいということがあります。市町村がサービスで側溝を延長するということは基本的にありませんので、当然自分でやるわけですが、その際に必要となるのが道路に側溝を設置する工事について承認してもらう申請です。

また、側溝が入っているものの、水を流すことしか想定されていないものしか入っておらず蓋がかけられないとか、蓋をかけても自動車の乗入れには耐えられないものである場合には、側溝の入替えをしなければなりません。こういった場合にもこの申請が必要となります。

水路の場合は、水路占用の項のように、水路に橋を架ける工事を行う際にこの申請が必要になります。

道路・水路に関する工事の承認申請の内容

この申請も、生活や事業のための必要性があり、きちんとした規格の側溝などを入れるのであれば承認されないことはありません。窓口は、道路・水路占用と同じ市町村の役所の道路課や河川課、土木課で、水路が市町村の管理でない場合は管理者と協議してください。

申請の内容は、道路・水路占用と同じく、どこにどのようなものを設置したいかの説明で、添付書類も地図や公図、平面図までは同じで、そのほかに設置する側溝や橋などの構造図と縦横の断面図、現況の写真などです。橋を架ける場合は、構造物として大きなものになりますので、設計についての詳細な資料が求められると思います。

9　市町村ごとの条例に関する手続

転用面積が広い場合には条例の手続もチェック

農地には、私たちの食料となるような作物を栽培するということ以外にも様々な機能があります。雨水が土に浸透するのを助けるという保水の機能、水路を整備することで生態系を守る機能、田園風景などの景観を守る機能など、間接的にもわれわれの生活の豊かさを守ってくれています。

そうした多くの機能を持つ農地を転用することには、その地域の環境の破壊というリスクが伴うわけですが、特に転用の面積が広い場合にはそのリスクも大きくなります。そこで、そうしたリスクを事前にチェックするために、市町村によっては条例を設け、一定の手続を課していることがあります。

この条例に関する手続は、ついている名前や内容も様々で、都度対応していくしかありません。しかし、転用面積が５００㎡を下回るような場合には、形式的なもので済むことが多く、あまり問題となることはないと思います。もし、転用面積が広くなるような、例えば太陽光パネルの設置などを目的とする転用の場合には、何かしら必要な手続がないかを事前に確認すべきです。

条例に関する手続の内容は様々

条例に関する手続の実際の内容ですが、何を目的とした転用なのかを地元住民へ周知した上で、市町村の各部署のチェックを受けるような形を取っていることが多いと思います。窓口は、都市計画課や建築指導課など、都市計画法の許可を担当している部署が多く、書式は独自のものが用意されています。

先に述べたように、転用面積がさほど広くない場合には、手続があったとしても形式的なもので終わることが多いのですが、例えば１０００㎡を超えるような面積の転用になると簡単には済みません。雨水の流量の計算をして排水管などの排水能力が十分であるかをチェックしたり、地元住民への説明会の開催を求めたりと、時間と手間がかかるような手続を求められるのです。

広い面積の転用の場合には、この条例に関する手続で2か月から3か月程度は時間がかかることが多いと思います。スケジュールにも大きな影響を与えますし、準備にも時間がかかりますので注意してください。

そして、条例の手続とは言っても、原則これを踏んでいないと農地転用の許可は通りません。都道府県へ申請が送られる際に、地元での同意が得られていないという意見が付されてしまうため、都道府県としても許可を出すことができなくなるのです。

10　生産緑地の買取申出制度

生産緑地特有の制度である買取申出

生産緑地については、第1章で少し触れましたが、営農を続けることを条件に税金の面での優遇を受けている大都市圏の都市内の農地です。原則転用はできませんが、農業の従事者の身体的な故障（営農が困難なレベル）で営農の継続が難しくなったり、農業の従事者が死亡するといった場合には買い取ってもらう申出ができます。

買取申出がされた農地は、まず市が買取りを検討することになります。そして、市が買取りをしない場合には、市が他の農業従事者へ買取りのあっせんをします。申出日から3か月以内に誰からも買取りの意思表示がされない場合は、開発行為の制限が解除され、転用をすることが可能になります。

市が買い取る場合には、公園や緑地として整備され、他の農業従事者が買い取る場合には、生産緑地として存続することになりますが、あくまで大都市内の土地なので買取希望価格も高く設定されると思いますし、率直に言って、買い取る側のメリットが少ないと思います。そのため、この買取申出は不調に終わることがほとんどだと思います。

生産緑地を転用すると税制面での優遇がなくなる

生産緑地は、大都市の中にあって面積も広いため、転用ができれば用途も広く価値の高い土地になります。手続を踏むことができれば転用も可能になるわけですが、その際は注意が必要です。

生産緑地の指定がされている間は、大都市内の土地にもかかわらず固定資産税が低く設定されているのですが、まずこれが非常に高くなります。そして、それよりも大きいのは、相続税の納税猶予が失われることです。生産緑地では、固定資産税こそ低く設定されているものの、相続税の算定の基準になる土地の評価額（路線化など）まで低いわけではないのです。

生産緑地でいる間は、この相続税の納税猶予が受けられるため、所有者が亡くなるまで営農を続けた場合、相続税自体が免除になるのですが、所有者が亡くなっていないのに買取申出の制度を利用する場合は、これを清算しなければいけません。ただでさえ高い相続税に延滞税も加わったものを一括で払わなければいけないのです。

このような大きなデメリットを考え併せてもなおメリットがある場合には、相続のタイミング以外での転用を考えることもいいとは思いますが、よくよく検討をしたほうがよいと思います。窓口となる農業委員会の事務局に買取申出をする際にも、このデメリットについては繰り返し説明されることになると思います（２０２２年以降は、現行の生産緑地の制度が、後述の「特定生産緑地」の制度に置き換わるような法改正がありました）。

なお、手続自体はそれほど難しくなく、簡単な書式に土地の表示を入れることと登記事項証明書や公図、医師の診断書などを提出する程度で済みます。

図表20に、買取申出の流れを示しておきます。

【図表20 生産緑地の買取申出手続の流れ】

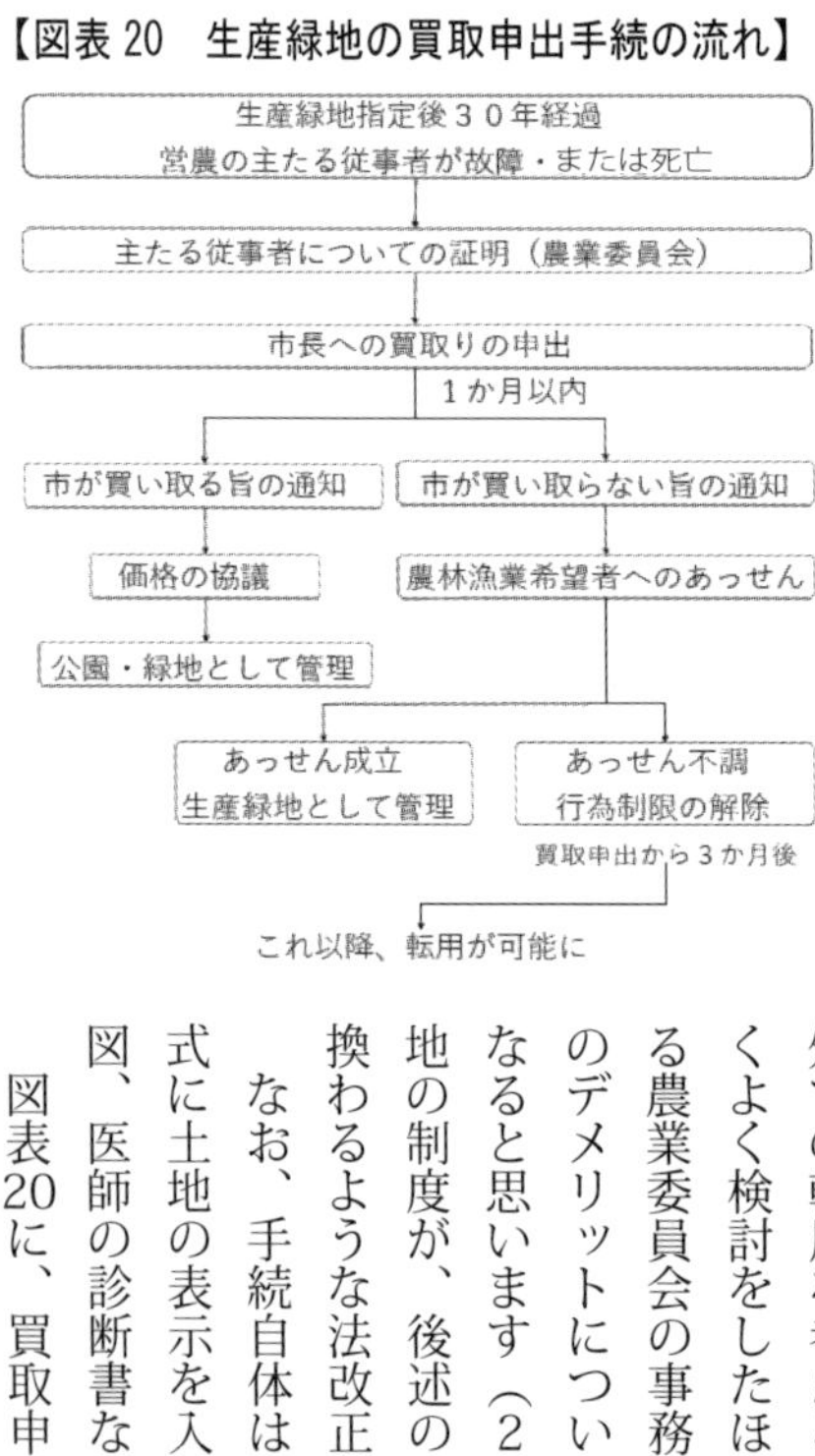

特定生産緑地制度の創設

現在のような生産緑地の制度が始まって、特別な事情がなくとも買取申出が可能になる30年の節目を迎える２０２２年を目前にした２０２０年末において、全国には1万2千ヘクタール以上の生産緑地が残っています。そして、このうち、およそ8割の生産緑地が、１９９２年にその指定を受けた農地です。

30年を経過した生産緑地はいつでも買取申出が可能になりますが、それぞれに置かれた状況が違う生産緑地の所有者にその選択を委ねてしまえば、都市計画が混乱をすることは明らかであるため、混乱を避けるための制度が２０１７年に設けられました。それが、特定生産緑地の制度です。

特定生産緑地の制度は、簡単に言ってしまえば、指定から30年を経過するまでに、今までどおりの生産緑地としての扱いを10年間延長することを申し込める制度です。延長から10年後には、再度延長を申し込むことも可能です。

指定から30年を経過した生産緑地では、5年かけてどんどん固定資産税が高くなる上、相続税の猶予も現世代までとなりますので、営農を続けたい場合や、税制上の優遇を引続き受けたい場合は、特定生産緑地に指定してもらえば今までどおりの状況を保てます。

生産緑地の２０２２年問題は起こらない？

不動産業界を中心に話題となっている２０２２年問題ですが、これは、日本中の多くの生産緑地で、特別な事情がなく買取申出が可能になる２０２２年に、特に多くの生産緑地を抱える大都市圏において一斉に生産緑地が転用されて宅地として出回り、土地の価格が下落して資産価値に大きな影響を与えるのでは、という懸念を指しています。

生産緑地の指定から30年が経つうちには、所有者の世代交代やインフラの整備など周辺環境の大きな変化が起こっていることも多いでしょうし、所有者の経済状況も当然変わってきていると思います。

また、農地としての維持管理も決して楽ではないはずで、生産緑地の所有者から見れば、２０２２年は、今までは手放したくても手放せなかった生産緑地を手放すよい機会だと見ることもできます。

しかしながら、前述した特定生産緑地制度が設けられたことで、この懸念はかなり薄まっていると考えてよいと思われます。

今までは、生産緑地の指定から30年はその解除が難しかったのに対し、特定生産緑地の指定は10年ごとに見直すことが可能なため、ひとまず特定生産緑地の指定を受ければ、その後の事情の変化に合わせて柔軟に対応することができるからです。

今後は、所有者の相続のタイミングや、10年おきにくる特定生産緑地指定の更新のタイミングに合わせて、緩やかに生産緑地の指定の解除が進むことが予想され、急激な不動産価格の下落は起きにくいと私は考えています。

第4章　申請書をつくる

本章では、農地転用の許可の申請書などをつくるために、具体例を挙げながらその書き方を解説していきます。

1　申請書にはどんな項目があるのか

許可申請書は都道府県ごとの書式を使う

農地転用の許可権者は都道府県知事（権限移譲されている場合は市町村）なので、書式も都道府県ごとに用意されています。ここでは、愛知県の書式を挙げて解説しますが、他の都道府県でも必要とされる項目は基本的に同じです。

申請書を比較的シンプルにして、詳細な説明が必要な項目を別紙にして提出するように求められる都道府県もあります。いずれも県や市のホームページにＷＯＲＤなどのデータが上がっていますので、ダウンロードして使用してください。

なお、申請書の書式は、Ａ３の用紙で１枚から２枚になるように用意されています。２枚以上になる場合は、契印で割るようにしてください。

申請書は、正本と許可後に返却される副本の２部に加え、農業委員会の控えのため合計で３部提出することを求められることもあります。

①　タイトル

今回は他人に譲ったり貸したりする場合の農地法第５条の申請書を挙げましたが、自分の農地を自分で転用する場合はここが第４条第１項になります。

【図表 21　申請書記載例　分家住宅①】

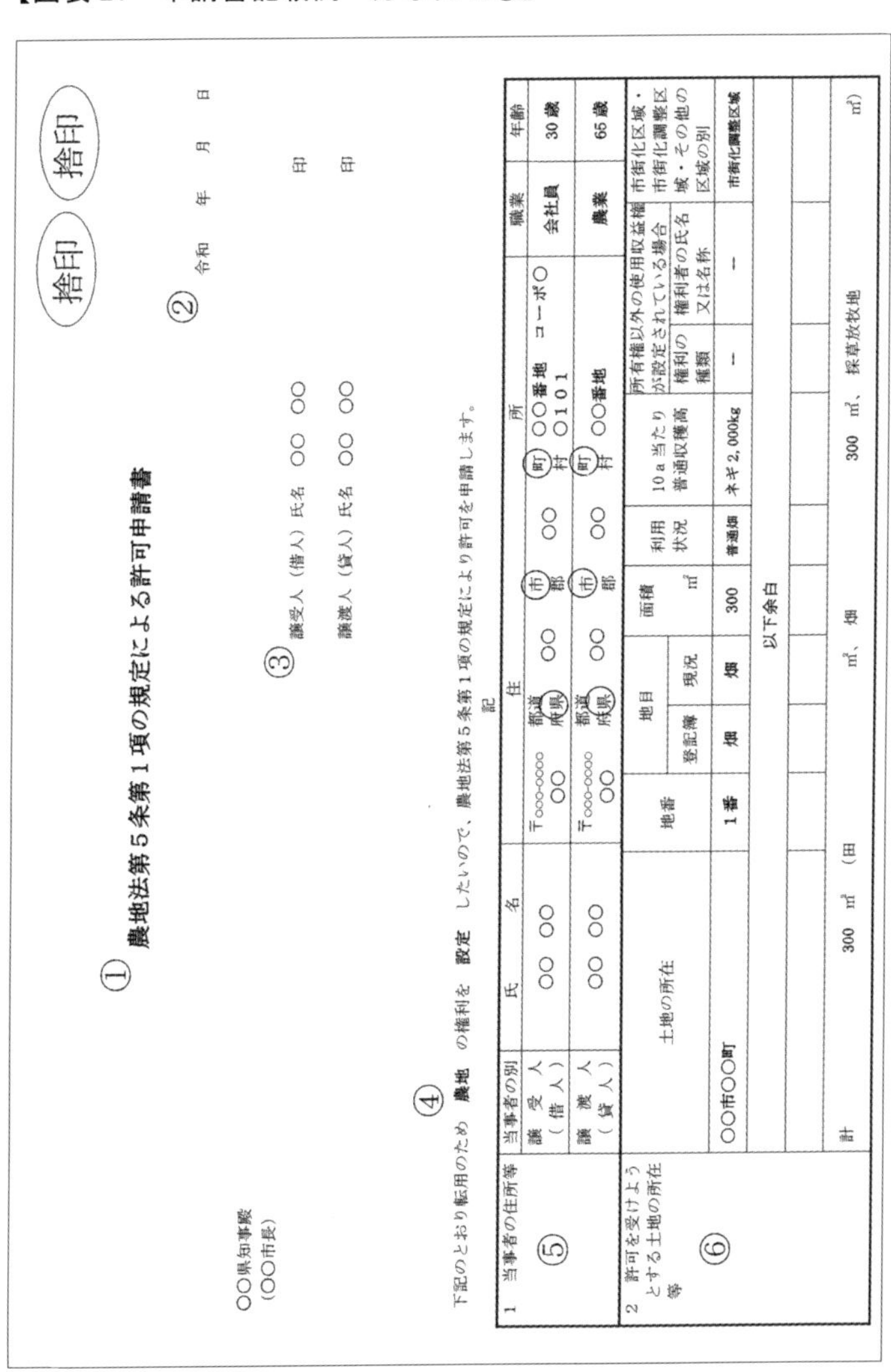

捨印　捨印

① **農地法第５条第１項の規定による許可申請書**

② 令和　　年　　月　　日

○○県知事殿
（○○市長）

③ 譲受人（借人）氏名　○○　○○　　　　　印

譲渡人（貸人）氏名　○○　○○　　　　　印

④ 下記のとおり転用のため　**農地**　の権利を　**設定**　したいので、農地法第５条第１項の規定により許可を申請します。

記

1　当事者の住所等 ⑤	当事者の別	氏名	住所	職業	年齢
	譲受人（借人）	○○　○○	〒○○○-○○○○ ○○ 都道府県 ○○ 市郡 ○○ 町村 ○○番地　コーポ○ ○101	会社員	30歳
	譲渡人（貸人）	○○　○○	〒○○○-○○○○ ○○ 都道府県 ○○ 市郡 ○○ 町村 ○○番地	農業	65歳

2　許可を受けようとする土地の所在等 ⑥	土地の所在	地番	地目		面積	利用状況	10ａ当たり普通収穫高	所有権以外の使用収益権が設定されている場合		市街化区域・市街化調整区域・その他の区域の別
			登記簿	現況	㎡			権利の種類	権利者の氏名又は名称	
	○○市○○町	1番	畑	畑	300	普通畑	ネギ 2,000kg	－	－	市街化調整区域
	以下余白									
	計　300 ㎡（田　　㎡、畑　300 ㎡、採草放牧地　　㎡）									

【図表 21　申請書記載例　分家住宅②】

3　転用計画

(1) 転用の目的 ⑦	用途	(2) 権利を設定し又は移転しようとする理由の詳細 ⑧
	分家住宅の建築	譲受人の○○○○は現在、妻や子二人とともに賃貸アパートにて生活をしておりますが、子の成長によって手狭になってきたため住宅の建築を検討しております。 私と妻は土地を所有していないため、市街化区域内での住宅用地の購入を検討いたしましたが、予算や生活の都合上適当な土地が見つかりませんでした。 そこで両親に相談したところ、父の所有する畑を提供してもらえるとの承諾を得ましたので、ここに農地の転用の許可を申請いたします。

(3) 事業の操業期間又は施設の利用期間 ⑨	令和4年2月1日から　永　年間

(4) 転用の時期及び転用の目的に係る事業又は施設の概要 ⑩

工事計画	第1期（着工令和3年8月1日から令和4年1月31日まで）				第2期（着工令和　年　月　日から令和　年　月　日まで）				合計		
	名称	棟数	建築面積（㎡）	所要面積（㎡）	名称	棟数	建築面積（㎡）	所要面積（㎡）	棟数	建築面積（㎡）	所要面積（㎡）
土地造成	／	／	／	300	／	／	／		／	／	300
建築物	住宅 カーポート	1 1	71.74 20.42	300					1 1	71.74 20.42	300
小計	／	2	92.16	300					2	92.16	300
工作物											
小計	／										
合計	／	2	92.16	300					2	92.16	300

4　権利を設定し又は移転しようとする契約の内容 ⑪

権利の種類	権利の設定・移転の別	権利の設定・移転の時期	権利の存続期間	その他	建ぺい率　30.72　％
使用貸借権	設　定	令和3年7月15日	30年	―	（利用率　　　％）

捨印　捨印　契印　契印

【図表 21　申請書記載例　分家住宅③】

契印　契印

捨印　捨印

5　資金調達についての計画 ⑫	総事業費 （内訳） 土地造成費　500　千円 建築費　25,000　千円 付帯工事費　2,000　千円 その他雑費　1,000　千円 合計　28,500　千円 調達方法 （内訳） 自己資金　3,500　千円 （　○○銀行○○支店　普通預金　） 借入金　25,000　千円 （　○○銀行○○支店より借入　） 合計　28,500　千円
6　転用することによって生ずる付近の土地・作物・家畜等の被害防除施設の概要 ⑬	土地造成は整地のみです。 汚水・雑排水は合併浄化槽により処理し、雨水とともに申請地南側の道路側溝に放流します。 建築物は２階建で、周辺農地に対する日照通風等には影響を及ぼさないよう対処します。 なお、万一周辺農地などに被害を及ぼしたときは、当方で責任をもって解決します。
7　その他参考となるべき事項 ⑭	都市計画法第４３条の規定による許可申請中（令和３年５月８日申請） ○○土地改良区　転用決済済（令和３年４月２０日） 隣地の地権者に対しては、転用計画を詳しく説明済です。

② 申請日

締切日に提出する場合には入れていってもよいとは思いますが、提出時に軽くチェックを受けた結果、後日の提出になる場合もありますので、日付は空けたままで持っていくことをおすすめします。

③ 当事者の表示

当事者の名前と印です。当事者が法人の場合は、代表者の役職名と名前も併記してください。印は認印で大丈夫です。申請書の各ページの端に捨印を押しておけば、細かい修正がすぐにできます。

④ 主文

「農地」または「採草放牧地」の権利を「移転」または「設定」の該当するほうを記載します。自分の農地を自分で転用する場合は、ここが「下記のとおり農地を転用したいので、農地法第4条第1項の規定により許可を申請します」になります。

⑤ 当事者の住所等

当事者の住所などを記載するだけですが、特に許可後に所有権移転をする場合などは、登記の際に法務局に提出することになりますので、住民票のとおりに正確に記載してください。また、譲受人（借人）と譲渡人（貸人）が2名くらいまでなら欄を分割するなどしてここに記載できますが、3名以上の場合は別紙のとおりとして別紙を作成してください。

⑥ 許可を受けようとする土地の所在等

土地の所在・地番・地目・面積は、登記記録のとおりに記載してください。現況が登記の地目と違う場合は、「現況」の欄に現況のとおりに「宅地」「雑種地」などと記載してください。

利用状況は、田の場合は「一毛作」「二毛作」などと、畑の場合は「普通畑」「果樹園」「桑園」「茶園」などと実際の利用状況を記載してください。休耕中の場合は「休耕田（畑）」と記載してください。10ａ当たり普通収穫高の欄は、普段作づけしている作物とその10ａ当たりの収量を計算して記載します。休耕中の場合は記載不要です。

「所有権以外の使用収益権が…」の欄は、賃貸借や使用貸借などをしている場合に権利の種類と相手の氏名（名称）を記載します。

「市街化区域…」の欄は、市街化区域と市街化調整区域の線引きがされている場合はその別を、線引きがされていない場合は「その他」と記載してください。

土地の表示の欄が余る場合は、「以下余白」と記載し、逆に土地の筆数が多く書ききれないときは「別紙のとおり」として別紙で一覧を作成してください。

最後に田・畑・採草放牧地それぞれとすべての土地の面積の合計を記載します。

⑦　転用の目的

用途の欄は、「分家住宅」「駐車場」「太陽光発電設備」「店舗」など、転用後の用途を記載します。

⑧　権利を設定し又は移転しようとする理由の詳細

農地を転用したい理由を記載しますが、欄があまり広くないので、書ききれない場合は要約したものをここに記載した上で「詳細は別紙」とし、別紙で理由書を作成してください。

⑨　事業の操業期間又は施設の利用期間

転用のための工事などが終わった後から、永久転用の場合は永年間、一時転用の場合は転用をする期間を記載します。

⑩　転用の時期及び転用の目的に係る事業又は施設の概要

転用のための工事を行う具体的な時期と、土地造成の面積や建築物（住宅や店舗、倉庫、車庫・カーポートなど）、工作物（太陽光パネルなど）の種類と建築面積を記載します。

土地造成というと大がかりなものを想像しますが、農地を転用する以上、全体に整地くらいはすると思いますので、よほど手を入れる面積がハッキリしていない限りは、転用面積をそのまま記載しておけばいいです。

また、それぞれの合計値と、建築面積を所要面積で割った建蔽率も記載します。

⑪　権利を設定し又は移転しようとする契約の内容

権利の種類は、「所有権」「賃借権」「使用貸借権」などを記載し、権利の設定・移転の別は、それに対応するように所有権なら「移転」、賃借権や使用貸借権などは「設定」と記載します。

権利の設定・移転の時期は、許可が下りた後になりますので、許可の予定日を確認して記載します。ハッキリ決められなければ、大体の日付で大丈夫です。

権利の存続期間は、所有権なら永年で、賃借権や使用貸借権ならその契約期間を書きます。

ただし、賃借権については、民法で最長50年と定められているのと、建物所有のために土地を借りる場合は借地借家法で最低で20年以上と定められているので、それに反した期間を書くと補正の対象になると思います。

使用貸借権の存続期間は、当事者の自由ですが、あまり短い期間を書くと期間が満了した後の土地の利用が気になりますので、特に建物所有のための場合は20年から30年程度の期間で記載するのをおすすめします。

⑫　資金調達についての計画

転用後の計画でかかる総事業費を左側に、その調達方法を右側に書きます。総事業費については、「土地造成費」「建築費」「付帯工事費」「その他雑費」などとおおまかに内訳を分けて書きます。

調達方法は、自己資金と借入金の予定額をそれぞれ書きますが、自己資金の部分は預金通帳のコピーなど、借入金の部分は融資予定の証明書などの資料を求められますので、資料に合った数字を記載してください。

事業費の算定根拠を示すために、工事などにかかる費用の見積書を別紙で求められることもあります。

総事業費と調達方法の合計は一致するようにしてください。

⑬　転用することによって生ずる付近の土地・作物・家畜等の被害防除施設の概要

この欄には、造成についての詳細、生活排水と雨水の排水計画、周辺農地に悪影響を及ぼさないことと、万一周辺農地へ被害が生じた場合に責任をもって対処することを記載します。

転用目的によっては、周辺農地への被害を防ぐための方法をより具体的に説明することを求められる場合もあります。

⑭　その他参考となるべき事項

ここには、転用の計画に関係するような他法令の許可に関する進捗を記載します。特に、都市計画法の許可は、同時申請・同時許可が原則なので、該当する場合には必ず記載します。

その他、事前に済ませておかなければならない農振除外や土地改良区の手続についても、該当する場合には必ず記載します。

市町村によっては、該当するものだけではなく、該当しない法令についても該当しない旨を記載するよう求めるところもありますので、事前に何を記載すべきか確認しておいてください。

最後に、隣接地の所有者への事前の説明が済んでいることを記載します。

記載方法の詳細については以上です。ここでは、市街化調整区域で親の土地を借りて住宅を建てるケースを想定した内容で解説しましたが、その他のケースについても具体例を挙げつつ解説したいと思います。

2　実例①　建替えを機に家の敷地を増やしたい

事情があれば自宅敷地を広げることも可能

現在住んでいる住宅を二世帯住宅へと建て替えるに当たり、もともとの家の敷地が３００㎡しか

【図表 22　申請書記載例　敷地拡張①】

農地法第4条第1項の規定による許可申請書

令和　　年　　月　　日

○○県知事殿
（○○市長）

申請者氏名　○○　○○　　　　印

下記のとおり農地を転用したいので、農地法第4条第1項の規定により許可を申請します。

記

1　申請者の住所等	住所	職業	年齢
	〒○○○－○○○○ ○○ 都道府県 ○○ 市郡 ○○ 町村 ○○番地	農業	65歳

2　許可を受けようとする土地の所在等	土地の所在	地番	地目 登記簿	地目 現況	面積 ㎡	利用状況	10a当たり普通収穫高	耕作者の氏名	市街化区域・市街化調整区域・その他の区域の別
	○○市○○町	2番	畑	畑	150	果樹園	みかん 1,500kg	○○　○○	市街化調整区域
	以下余白								
	計　150 ㎡（田　㎡、畑　150 ㎡）								

【図表 22　申請書記載例　敷地拡張②】

3　転用計画			
	(1) 転用事由の詳細	用途	事由の詳細
		農家住宅 (敷地の拡張)	現在居住する家の老朽化が進み、建て替えを検討しております。 私の後継者である長男の○○が昨年結婚し、その妻とともに同居しておりますが、孫が生まれ、家族が増える予定です。 そこで、居住スペースの確保のために、建替える家は現在住む家よりも床面積を増やしたいと思いますが、そうなると現在の敷地の広さでは足りません。 現在の家の敷地に隣接する畑を転用し、住宅用地に充てたいと考えています。
	(2) 施設の利用期間	令和４年２月１日から　永　年間	

(3) 転用の時期及び転用の目的に係る事業又は施設の概要	工事計画	第１期（着工令和３年８月１日から令和４年１月３１日まで）				第２期（着工令和　年　月　日から令和　年　月　日まで）				合　計		
		名　称	棟　数	建築面積（㎡）	所要面積（㎡）	名　称	棟　数	建築面積（㎡）	所要面積（㎡）	棟　数	建築面積（㎡）	所要面積（㎡）
	土地造成				450	※一体利用地１番300 ㎡を含む						450
	建築物	住宅	1	187.45	450					1	187.45	450
	小　計		1	187.45	450					1	187.45	450
	工作物											
	小　計											
	合　計		1	187.45	450					1	187.45	450
										建ぺい率　41.65　% （利用率　　%）		

【図表22　申請書記載例　敷地拡張③】

4　資金調達についての計画	総事業費 （内訳） 土地造成費　1,000　千円 建築費　45,000　千円 付帯工事費　5,000　千円 その他雑費　1,000　千円 合計　52,000　千円 調達方法 （内訳） 自己資金　52,000　千円 （　〇〇銀行〇〇支店　普通預金　） 借入金　千円 （　千円　銀行　支店より借入　） 合計　52,000　千円
5　転用することによって生ずる付近の土地・作物・家畜等の被害防除施設の概要	土地造成は整地のみです。 汚水・雑排水は合併浄化槽により処理し、雨水とともに申請地東側の道路側溝に放流します。 建築物は２階建で、周辺農地に対する日照通風等には影響を及ぼさないよう対処します。 なお、万一周辺農地などに被害を及ぼしたときは、当方で責任をもって解決します。
6　その他参考となるべき事項	都市計画法第４３条の規定による許可申請中（令和３年５月８日申請） 〇〇土地改良区　転用決済済（令和３年４月２０日） 農振法　農用地区域除外　令和３年５月１日同意（事前協議済） 隣地の地権者に対しては、転用計画を詳しく説明済です。

ないため、家の敷地に隣接する畑の転用許可を取るというパターンです。

まず、1ページ目ですが、自分の住宅の敷地のために自分の所有する畑を転用するので、農地法第4条の許可申請となります。

当事者は1人なので申請者も1人で、農地法第5条の許可申請と比べるとややシンプルです。

2ページ目も、農地法第5条の申請に比べるとややシンプルです。今回転用する面積は150㎡ですが、もともと宅地であった土地と一体利用するため、所要面積の欄の横にその旨の注意書きを入れ、所要面積はもともとの宅地と転用面積の合計の数字を入れます。農地法第5条の申請書にあった、設定又は移転する権利に関する欄がなくなっています。

3ページ目は、最初の例とほとんど変わりませんが、転用を申請する畑が青地であったため、農地転用の申請に先立って農振除外の申出の手続をしており、その旨を記載しています。

このように、青地の転用をする場合には、農地法の許可の申請をするときには農振除外の手続がほぼ終わっていることになります。2ページ目の「転用事由の詳細」の欄を読んでいただくとわかりますが、農振除外の手続は、このように代替地がなく、やむを得ない事情もあり、加えて周辺の農地への影響も少ない場合には進めることができます。

今回は、現在ある住宅の建替えなので建物の数が増えるわけではありませんが、敷地を増やしたり、建物の規模を大きくする場合ですので、市街化調整区域では都市計画法の許可を再び受ける必要があります。

3　実例②　父から相続した畑を貸駐車場としたい

必要な面積を説明できるようにする

父から畑を相続したものの、仕事が忙しく耕作ができないため、転用して貸駐車場にしたいというパターンです。

１ページ目は、休耕地ということもあって収穫高や耕作者もなく、非常にシンプルです。なお、貸駐車場なので、結果的に他人に土地を貸してはいますが、自己の業務用ということで農地法第４条の許可申請になります。

２ページ目も非常にシンプルです。青空駐車場であれば建築物もないので、土地の造成面積を入れるだけです。必要な面積しか転用はできませんので、利用率は１００％となります。

３ページ目では、これまで見てきた住宅とは違って生活排水は出ないものの、雨水をどのように処理するかの説明をしています。また、どんな車を何台駐車し、契約ができているかも記載しておきます。

青空駐車場には建築物がないため、市街化調整区域であっても都市計画法の許可はいりませんが、これが自分の住宅のための駐車場で、カーポートを設置したいということになると都市計画法の許可も取らなければいけません。

【図表23　申請書記載例　駐車場①】

農地法第４条第１項の規定による許可申請書

令和　　年　　月　　日

○○県知事殿
（○○市長）

申請者氏名　　○○　○○　　　　　　　印

下記のとおり農地を転用したいので、農地法第４条第１項の規定により許可を申請します。

記

1　申請者の住所等	住所	職業	年齢
	〒○○○−○○○○ ○○ 都道府県 ○○ 市郡 ○○ 町村 ○○番地	**会社員**	**６２歳**

2　許可を受けようとする土地の所在等	土地の所在	地番	地目 登記簿	地目 現況	面積 ㎡	利用状況	10a当たり普通収穫高	耕作者の氏名	市街化区域・市街化調整区域・その他の区域の別
	○○市○○町	**３番**	**畑**	**畑**	**120**	**休耕畑**	**−**	**−**	**市街化調整区域**
	以下余白								
	計　**120**　㎡　（田　　㎡、畑　**120**　㎡）								

【図表 23　申請書記載例　駐車場②】

3　転用計画

項目	用途	事由の詳細
(1) 転用事由の詳細	貸駐車場	昨年父より申請地を相続しましたが、現在、正社員としてフルタイムで勤務しており、耕作に時間を割くことが難しい状況です。 そんな折、申請地の近隣の方々より、申請地を駐車場として貸してもらいたいとの申し出がありました。 申請地は住宅で囲まれており、転用による周囲の土地への影響もほとんどないので、今後は近隣の方のための駐車場として利用していきたいと考えています。
(2) 施設の利用期間	令和３年９月１日から　永　年間	

(3) 転用の時期及び転用の目的に係る事業又は施設の概要

工事計画	第１期（着工令和３年８月１日から令和３年８月３１日まで）				第２期（着工令和　年　月　日から令和　年　月　日まで）				合　計		
	名　称	棟　数	建築面積（㎡）	所要面積（㎡）	名　称	棟　数	建築面積（㎡）	所要面積（㎡）	棟　数	建築面積（㎡）	所要面積（㎡）
土地造成				120							120
建築物											
小　計				120							120
工作物											
小　計											
合　計				120							120
									建ぺい率　％ （利用率　100　％）		

【図表 23　申請書記載例　駐車場③】

<table>
<tr><td>4　資金調達についての計画</td><td>総事業費
（内訳）
土地造成費　200　千円
建築費　千円
付帯工事費　300　千円
その他雑費　千円

合計　500　千円</td><td>調達方法
（内訳）
自己資金　500　千円
（　〇〇銀行〇〇支店　普通預金　）

借入金　千円
（　千円　銀行　支店より借入　）

合計　500　千円</td></tr>
<tr><td>5　転用することによって生ずる付近の土地・作物・家畜等の被害防除施設の概要</td><td colspan="2">土地造成は整地のみです。
境界に沿ってコンクリートブロックとフェンスを設置し、雨水は雨水桝に集水し申請地北側の道路側溝に放流します。
なお、万一周辺農地などに被害を及ぼしたときは、当方で責任をもって解決します。</td></tr>
<tr><td>6　その他参考となるべき事項</td><td colspan="2">普通自動車６台を駐車予定で、既に賃貸借契約済。
隣地の地権者に対しては、転用計画を詳しく説明済です。</td></tr>
</table>

４　実例③　耕作していない田に太陽光パネルを設置したい

転用面積が大きい場合は雨水の処理に注意

身体の故障等により耕作が難しくなったため、所有する田に太陽光パネルを設置することを目的とした転用許可の申請です。

農地は、日当たりがよいのに加え、傾斜が少なく形状も整っているものが多いため、太陽光パネルの設置には向いています。再生可能エネルギーの固定価格買取制度の買取価格が高かった頃は、太陽光パネルの設置を目的とした農地転用の申請は非常にポピュラーでした。

２ページ目ですが、太陽光パネルは、建築物ではなく工作物として扱い、棟数は一式とします。建築物ではないので建築面積はありませんが、参考までにパネルの設置枚数などを記載することを求められることもあるかもしれません。なるべく多くのパネルを設置したほうが効率がよいため、土地の一部が全く使えないなどの事情がない限り所要面積は転用面積と一致するはずです。そして、利用率も１００％となります。

３ページ目ですが、雨水の処理をどうするかについて記載します。田であれば今までの排水経路がそのまま利用できますが、防草シートなどを敷きますので、転用面積が大きい場合（１０００㎡以上）は、排水施設の新設を求められる可能性もあります。

【図表 24　申請書記載例　太陽光発電設備①】

農地法第４条第１項の規定による許可申請書

令和　　年　　月　　日

〇〇県知事殿
（〇〇市長）

申請者氏名　〇〇　〇〇　　　　印

下記のとおり農地を転用したいので、農地法第４条第１項の規定により許可を申請します。

記

1　申請者の住所等	住所							職業	年齢
	〒〇〇〇－〇〇〇〇 〇〇 都道府県 〇〇 市郡 〇〇 町村 〇〇番地							農業	７１歳
2　許可を受けようとする土地の所在等	土地の所在	地番	地目		面積 ㎡	利用状況	10 a 当たり普通収穫高	耕作者の氏名	市街化区域・市街化調整区域・その他の区域の別
			登記簿	現況					
	〇〇市〇〇町	５０番	田	田	850	一毛作	米 450kg	〇〇　〇〇	市街化調整区域
	以下余白								
	計　850 ㎡　（田　850 ㎡、畑　　㎡）								

【図表 24　申請書記載例　太陽光発電設備②】

3　転用計画

項目	用途	事由の詳細
(1) 転用事由の詳細	太陽光発電設備	昨年起こしてしまった交通事故でケガを負い、半年ほど療養生活をしておりました。 加齢による体力の低下とケガの後遺症により、今後、耕作の継続が難しい状況です。 申請地は田ですが、周辺農地から孤立した場所にあるため、代わりに耕作をお願いできる方も見つかりませんでした。 今後の適正な土地管理のために、太陽光発電設備を設置して管理を委託していきたいと考えています。
(2) 施設の利用期間	令和３年１０月１日から　２０　年間	

(3) 転用の時期及び転用の目的に係る事業又は施設の概要

工事計画	第１期（着工令和３年８月１日から令和３年９月３０日まで）				第２期（着工令和　年　月　日から令和　年　月　日まで）				合　計		
	名　称	棟　数	建築面積（㎡）	所要面積（㎡）	名　称	棟　数	建築面積（㎡）	所要面積（㎡）	棟　数	建築面積（㎡）	所要面積（㎡）
土地造成				850							850
建築物											
小　計				850							850
工作物	太陽光パネル	一式		850							850
小　計				850							850
合　計				850							850
									建ぺい率　% （利用率　100　%）		

【図表 24　申請書記載例　太陽光発電設備③】

4　資金調達についての計画	総事業費 （内訳） 土地造成費　千円 **パネル設置**費　15,000　千円 付帯工事費　千円 その他雑費　1,000　千円 合計　16,000　千円 調達方法 （内訳） 自己資金　千円 （　銀行　支店　普通預金　） 借入金　16,000　千円 （　○○銀行○○支店より借入　） 合計　16,000　千円
5　転用することによって生ずる付近の土地・作物・家畜等の被害防除施設の概要	**土地造成は整地のみです。** **境界に沿ってフェンスを設置、土留めは現状の法面を利用し、雨水は自然浸透させます。** **申請地の北側・東側・西側は道路で、南側は用悪水路です。** **なお、万一周辺農地などに被害を及ぼしたときは、当方で責任をもって解決します。**
6　その他参考となるべき事項	**今回の転用においては、太陽光発電パネルの設置を目的としているため開発行為及び建築行為のいずれも伴いません。** **周辺の住民に対しては、転用計画を詳しく説明済です。**

市街化調整区域での転用の場合は、太陽光パネルが建築物ではないため、都市計画法の許可が不要な旨も記載しておきます。

5　実例④　事業用の店舗を建てたい

他法令の許可見込みを立ててから

市街化区域内に比べて店舗などが少ない市街化調整区域で、鍼灸接骨院を開設することを目的とした転用許可の申請です。

市街化調整区域は、市街化を抑制する地域ですが、特に市街化区域に近い場所などでは、市街化区域と変わらないほど住宅が並び、大きな集落となっている場所もあります。そのような地域では、小規模な建物で営む、生活に密着したサービスを提供する店舗の建築であれば都市計画法の許可が受けられます。

ここでは、農地を買い受ける場合の例を挙げましたが、所有権の移転を伴う農地転用については、土地の選定をどのように行ったかを問われることになりますので、選定の経過について別紙で説明します。

また、店舗は、不特定多数の人の出入りがあることから、駐車場も広くなり、舗装もされると思います。敷地内に降り注いだ雨水の処理がきっちり行われるよう、U字溝などを設置すべきかと思

【図表25　申請書記載例　店舗①】

農地法第5条第1項の規定による許可申請書

令和　　年　　月　　日

〇〇県知事殿
（〇〇市長）

譲受人（借人）氏名　〇〇　〇〇　　　　印

譲渡人（貸人）氏名　〇〇　〇〇　　　　印

下記のとおり転用のため　**農地**　の権利を　**移転**　したいので、農地法第5条第1項の規定により許可を申請します。

記

1　当事者の住所等	当事者の別	氏名	住所	職業	年齢
	譲受人（借人）	〇〇　〇〇	〒〇〇〇-〇〇〇〇 〇〇 都道府県（県に〇） 〇〇 市郡（市に〇） 〇〇 町村（町に〇） **〇〇番地**	**自営業**	**40歳**
	譲渡人（貸人）	〇〇　〇〇	〒〇〇〇-〇〇〇〇 〇〇 都道府県（県に〇） 〇〇 市郡（市に〇） 〇〇 町村（町に〇） **〇〇番地**	**農業**	**70歳**

2　許可を受けようとする土地の所在等	土地の所在	地番	地目		面積 ㎡	利用状況	10a当たり普通収穫高	所有権以外の使用収益権が設定されている場合		市街化区域・市街化調整区域・その他の区域の別
			登記簿	現況				権利の種類	権利者の氏名又は名称	
	〇〇市〇〇町	**150番**	**畑**	**畑**	**200**	**普通畑**	**大根3,500kg**	―	―	**市街化調整区域**
	〇〇市〇〇町	**151番**	**畑**	**畑**	**250**	**普通畑**	**大根3,500kg**	―	―	**市街化調整区域**
	以下余白									
	計　**450**　㎡（田　　㎡、畑　**450**　㎡、採草放牧地　　㎡）									

【図表 25　申請書記載例　店舗②】

3　転用計画			
(1) 転用の目的	用　途	(2) 権利を設定し又は移転しようとする理由の詳細	
	鍼灸接骨院	**申請地の地域には、まとまった戸数を持つ集落がいくつか連なっていますが、鍼灸院や接骨院がありません。 需要が十分に見込めることから、鍼灸接骨院の候補地を探しておりましたが、今回、申請地の所有者との交渉がまとまりましたので、申請いたします。**	
(3) 事業の操業期間又は施設の利用期間	令和**4**年**2**月**1**日から　**永**　年間		

(4) 転用の時期及び転用の目的に係る事業又は施設の概要

工事計画	第1期（着工令和**3**年**8**月**1**日から令和**4**年**1**月**3 1**日まで）名称	棟数	建築面積(㎡)	所要面積(㎡)	第2期（着工令和　年　月　日から令和　年　月　日まで）名称	棟数	建築面積(㎡)	所要面積(㎡)	合計 棟数	建築面積(㎡)	所要面積(㎡)
土地造成				450							450
建築物	**店舗** **倉庫**	1 1	91.09 16.56	450					1 1	91.09 16.56	450
小計		2	97.65	450					2	97.65	450
工作物											
小計											
合計		2	97.65	450						97.65	450

4　権利を設定し又は移転しようとする契約の内容	権利の種類	権利の設定・移転の別	権利の設定・移転の時期	権利の存続期間	その他	
	所有権	**移転**	令和**3**年**7**月**1 5**日	**永年**		建ぺい率　21.70　% （利用率　　%）

【図表25　申請書記載例　店舗③】

5　資金調達についての計画	総事業費 （内訳） 土地造成費　5,200　千円 建築費　19,800　千円 設備費　1,900　千円 その他雑費　500　千円 合計　27,400　千円	調達方法 （内訳） 自己資金　5,000　千円 （　○○銀行○○支店　普通預金　） 借入金　22,400　千円 （　○○銀行○○支店より借入　） 合計　27,400　千円
6　転用することによって生ずる付近の土地・作物・家畜等の被害防除施設の概要	平均50cm、最大70cmの盛土を予定。 汚水・雑排水は合併浄化槽により処理、場内の雨水はU字溝で集水し、申請地西側の道路側溝に放流します。 建築物は平家建で、周辺農地に対する日照通風等には影響を及ぼさないよう対処します。 なお、万一周辺農地などに被害を及ぼしたときは、当方で責任をもって解決します。	
7　その他参考となるべき事項	都市計画法第２９条の規定による許可申請中（令和３年５月８日申請） ○○土地改良区　転用決済済（令和３年４月２０日） 隣地の地権者に対しては、転用計画を詳しく説明済です。	

います。

なお、行う事業自体に許認可が必要な場合（建設業や運送業など）は、許認可を受けているか、または受けられる見込みがあるかも問われますので、準備をしておいてください。

6　市街化区域の農地転用届出書について

許可申請書に比べて簡単な書式

図表26は、農地の転用に許可が不要な市街化区域内での農地転用届出の記載例です。どの市町村でも、ほぼ同じものを使っています。２部作成して提出し、１部は受理証とともに返ってきます。

１ページ目は、許可の申請書とほぼ同じ形式になっていますが、農地転用届出は市町村の農業委員会で処理しますので、宛先が市町村の農業委員会の会長宛となります。

そして、２ページ目が許可の申請書と比べて大幅に簡略化されています。

まず、建物を建てることが原則可能な市街化区域内では、建築することに許可がいらないため転用の理由を説明する欄がありませんし、転用面積を最小限に留める必要もありませんので、建蔽率が低いことは問題になりません。

また、もともと固定資産税が高く設定されていますので、転用の届出を出したのに転用が行われないことが少ないためか、許可申請にはある、実際に転用がされたかの事後的なチェックをする仕

【図表 26　申請書記載例（市街化区域の農地転用届出書）】

農地法第５条第１項第７号の規定による農地転用届出書

令和　年　月　日

○○市農業委員会会長

譲受人　氏名　○○ ○○　印

譲渡人　氏名　○○ ○○　印

下記のとおり転用のため　農地　の権利を　移転　したいので、農地法第５条第１項第７号の規定により届け出ます。

記

1 当事者の住所等	当事者の別	氏名	住所	職業
	譲受人	○○ ○○	○○市○○町一丁目○番○号 コーポ○○１０１	会社員
	譲渡人	○○ ○○	○○市○○町三丁目○番○号	無職

2 土地の所在等	土地の所在	地番	地目		面積	土地所有者		耕作者	
			登記簿	現況	(㎡)	氏名	住所	氏名	住所
	○○市○○町一丁目	5番5	畑	畑	300	○○ ○○	○○市○○町三丁目○番○号	同左	同左
	以下余白								
	計	300㎡ 田　㎡ 畑　300㎡ 採草放牧地　㎡							

3 権利を設定し又は移転しようとする契約の内容	権利の種類	権利の設定、移転の別	権利の設定、移転の時期	権利の存続期間	その他
	所有権	移転	令和３年７月１５日	永年	

4 転用計画			
	転用の目的	住宅建築	開発許可を要しない転用行為にあっては都市計画法第29条の該当号　－
	転用の時期	工事着工時期	令和３年８月１日
		工事完了時期	令和４年１月３１日
	転用の目的に係る事業又は施設の概要		軽量鉄骨造２階建　建築面積52.99㎡　延床面積105.98㎡

5 転用することによって生ずる付近の農地、作物等の被害の防除施設の概要	北側は道路、東側・西側は宅地、南側の農地との境界線にはコンクリートブロックの土留めを設置します。 給水は上水道、排水は下水道、雨水は道路側溝へ放流。 万一周辺農地等に被害を及ぼしたときは、当方で責任をもって解決します。

組みが市街化区域内ではありません。
そのため、転用のための資金計画のチェックもありませんし、他法令の許可の進捗確認などもさほど厳密ではありません。その代わり、市街化区域内でも広い面積の土地を大幅に造成する際に必要になる開発許可についてのチェック欄があります。

許可申請書と書き方が異なる項目

「4　転用計画」の「開発を要しない転用行為にあっては都市計画法第29条の該当号」の欄には、一定以下の面積の開発行為（申請地の属する地域によって面積の基準は異なる）の場合には「1号」と記載し、開発行為に当たらない場合は斜線などを引きます。

「4　転用計画」の「転用の目的に係る事業又は施設の概要」の欄には、建物を建てる場合には、構造と階数、建築面積と延床面積を、駐車場の場合は、舗装するかどうかや停める自動車の台数、資材置場なら整地する旨など、計画の概要を記載します。

「5　転用することによって生ずる付近の農地、作物等の被害の防除施設の概要」の欄は、許可申請書にも似た欄がありましたが、そもそも周囲に農地がない場合はその旨を記載し、隣接地が農地の場合は土留めについて記載してください。その他、給水や排水についても説明し、周辺農地への被害があった場合に責任を持つ旨も記載しておきます。

添付書類は、登記事項証明書、公図、案内図くらいですが、区画整理中の土地の場合は登記記録と現況が一致しませんので、その紐づけをするための証明書（仮換地証明書と仮換地図）も添付します。

届出だからといって細かな注意を怠らない

書式自体はシンプルな農地転用の届出ですが、所有権の移転が伴う場合は注意が必要です。農地の所有権移転には農地法の許可が必要ですが、これは市街化区域内であっても同様で、届出がされていないと所有権が移転できていないことになります。仮に売買代金の清算が済んでいたとしても、所有権の移転の効力は届出後にしか生じません。

また、所有権移転の登記をする際には、法務局で農地法の許可（届出）がされているかのチェックがされますが、届出さえされていればいいというわけではなく、届出書の中の譲受人と譲渡人は住民票どおりに正確に記載されていないと登記してもらえません。住所や氏名がわずかでも誤って記載されていたり、譲受人が複数いた場合に登記したい持分と違う表記になっていたりすると登記申請が通らないため、届出書を提出し直すことになってしまいます。

そのほかに、第1章でも触れましたが、登記されている地目が宅地などの非農地であるのに、課税が農地としてされている場合も届出は必要です。登記の際には、登録免許税の計算のために固定資産の評価証明書などを法務局に提出しますが、ここで農地としての課税がされている場合は、農地転用届がされていないと登記をしてもらえません。

7　土地改良区からの除外申請について

転用の見込みが立ったら手続は早めに

土地改良区の受益地からの除外申請については、土地改良区ごとに書式がありますので、直接問い合わせて作成してください。

ここでは、田の用水についてのみ管理している土地改良区でも、書式は比較的シンプルなものになっています。どの土地改良区の書式を例に挙げますが、現況が畑でも、登記の地目が田になっていれば田の用水のみ管理している土地改良区の手続が必要になることもあります。

もちろん、畑であっても土地改良区の受益地となっていることもありますし、市街化区域内の農地であっても土地改良区の受益地となっていることはあります。受益地であるかどうかの確認は、確実にしてください。

①　誓約書

転用により決済金が発生するような場合に求められるものです。これ以外の書類もそうですが、日付は提出する際に窓口で記載するのがよいと思います。

「転用組合員」というのは土地の所有者（耕作者の場合もある）で、「負担金の納付者」は土地の所有者でも転用を行う者でも構いませんので決めて記載します。

【図表 27　土地改良区　誓約書】

誓　約　書

令和　　年　　月　　日附で提出しました農地転用通知に対し○○用水土地改良区地区除外等処理規程により○○用水土地改良区から通知人に協議されました下記事項は負担金納付者と共に承諾しこれを確実に履行することを誓約致します。

農地転用通知に対する協議事項

1. ○○用水土地改良区の地区除外等処理規程による決済金は、申請と同時に納付すること。
2. ○○用水土地改良区の賦課金滞納額を納付すること。
3. 転用土地内に現に有する農業用施設の改廃が○○用水土地改良区の管理する施設の効用に影響を及ぼす場合はその補償工事の施行及び経費の負担をすること。
4. ○○用水土地改良区が現に施行し又は施行予定の土地改良事業に対し協力すること。
5. ○○用水土地改良区の管理する水路には悪水を放流しないこと。ただし止むをえず生活雑水を放流する場合は事前に○○用水土地改良区に申出て所定の手続をなし許可を受けること。
6. その他○○用水土地改良区の事業運営に支障なきよう留意し○○用水土地改良区の指示事項を恪守すること。
7. 転用された年度の一般賦課金は納付すること。

令和　　年　　月　　日

転用組合員
住 所　○○市大字○○字○○　○○番地
氏 名　○○ ○○　㊞

負担金納付者
住 所　○○市○○町三丁目○番○号 コーポ○○101
氏 名　○○ ○○　㊞

○○用水土地改良区理事長　　殿

②農地転用等の通知書

まず第4条の許可か第5条の許可かを記載します。「転用関係者」というのは転用を行う者です。

土地の表示は登記記録どおりに記載し、転用の事由は許可申請書の転用の目的と同じです。

【図表28　土地改良区　農地転用等の通知書】

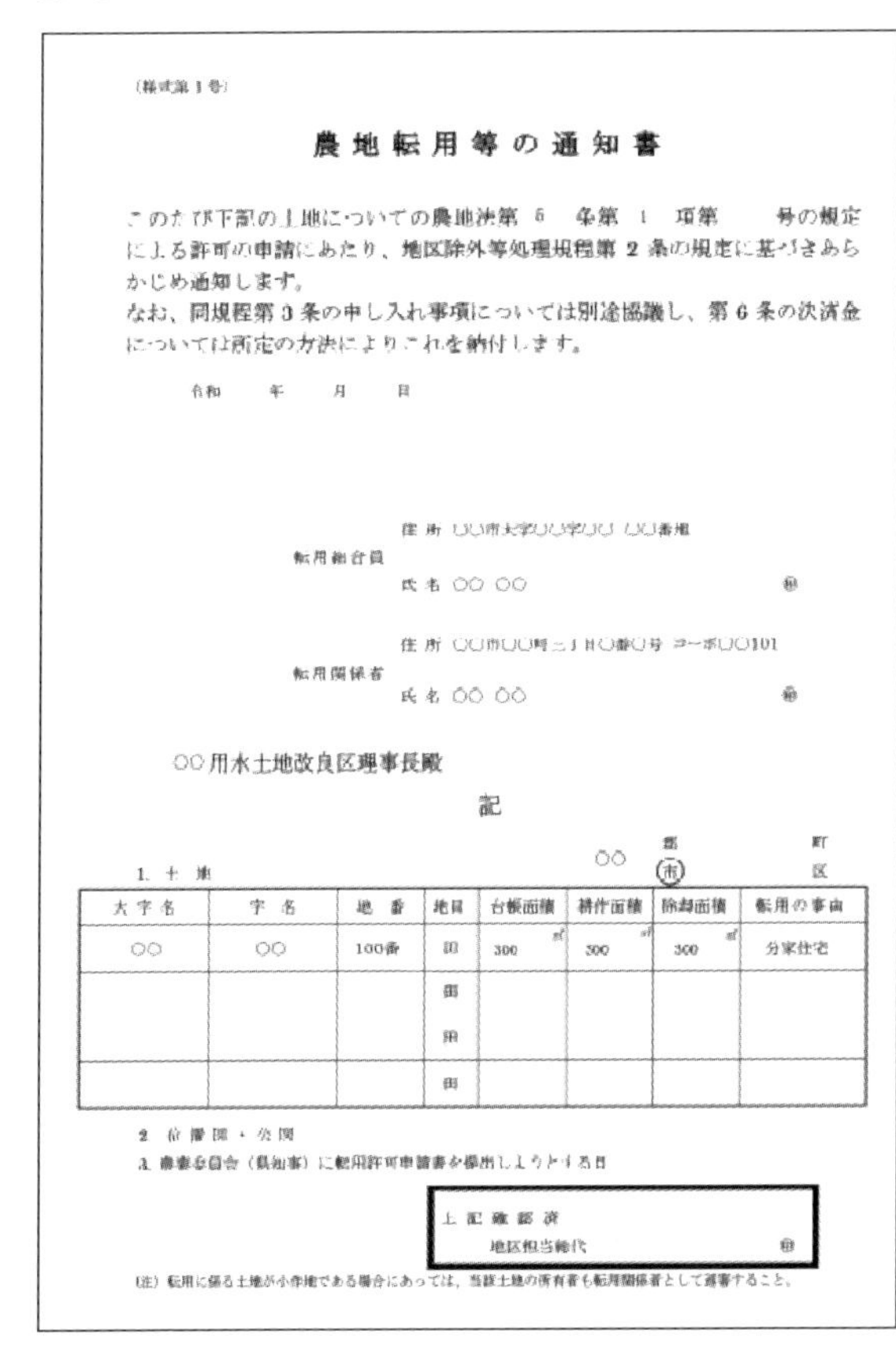

(様式第1号)

農地転用等の通知書

このたび下記の土地についての農地法第 5 条第 1 項第 号の規定による許可の申請にあたり、地区除外等処理規程第 2 条の規定に基づきあらかじめ通知します。
なお、同規程第 3 条の申し入れ事項については別途協議し、第 6 条の決済金については所定の方法によりこれを納付します。

令和　年　月　日

転用組合員　住所 ○○市大字○○字○○ ○○番地
　　　　　　氏名 ○○ ○○　㊞

転用関係者　住所 ○○市○○町三丁目○番○号 コーポ○○101
　　　　　　氏名 ○○ ○○　㊞

○○用水土地改良区理事長殿

記

1．土地　○○ 郡・㊫・町・区

大字名	字名	地番	地目	台帳面積	耕作面積	除却面積	転用の事由
○○	○○	100番	田	300㎡	300㎡	300㎡	分家住宅
			田 畑				
			田				

2 位置図・公図
3 農業委員会（県知事）に転用許可申請書を提出しようとする日

上記確認済
　地区担当総代　㊞

(注) 転用に係る土地が小作地である場合にあっては、当該土地の所有者も転用関係者として連署すること。

そして、最後に地区担当総代（役員）の確認欄があります。土地改良区で連絡先を聞き、アポイントを取って書いてもらうようにしてください。

なお、役員の確認が不要な土地改良区もあります。

③ 農地転用意見書

農地転用等の通知書と対になる書類で、記載する内容は同じです。除外申請後に土地改良区の印が押されて返ってきますので、これを農地転用の許可申請の際に添付書類として提出します。

【図表29　土地改良区　意見書】

（様式第2号）

第　　号　**農地（田）転用意見書**

下記の土地は当土地改良区の区域内農地（田）であるが転用の申出があり転用については当改良区と協議が整い土地改良事業との関係においてその転用は支障ありません。

令和　　年　　月　　日

○○用水土地改良区
理事長

転用組合員　住所　○○市大字○○字○○　○○番地
氏名　○○　○○

転用関係者　住所　○○市○○町三丁目○番○号　コーポ○○101
氏名　○○　○○

土地　○○　郡（市）　町／区

大字名	字名	地番	地目	台帳面積	耕作面積	除却面積	転用の事由
○○	○○	100番	田	300㎡	300㎡	300㎡	分家住宅
			田				
			畑				
			田				

④　地区除外申請書

これも、農地転用等の通知書と同じ内容を記載します。

【図表30　土地改良区　地区除外申請書】

（様式第３号）

地区除外申請書

令和　　年　　月　　日通知に係る下記土地につき農地法による許可を受け、これを転用するので土地改良区の地区から除外されたく申請する。

令和　　年　　月　　日

転用組合員　住所　○○市大字○○字○○　○○番地
　　　　　　氏名　○○ ○○　　　　　　　　　　印

転用関係者　住所　○○市○○町三丁目○番○号　コーポ○○101
　　　　　　氏名　○○ ○○　　　　　　　　　　印

○○用水土地改良区理事長殿

記

土地　　　　　　　　　　○○　郡・市（市に〇）　町・区

大字名	字名	地番	地目	台帳面積	耕作面積	除却面積	転用の事由
○○	○○	100番	田	300 ㎡	300 ㎡	300 ㎡	分家住宅
			田 田				
			田				

土地改良区からの除外申請の添付書類は、案内図と公図のみというような少ないところもあれば、登記事項証明書や建物の配置図、排水経路図を求めてくるところもあります。いずれも農地転用の許可申請の添付書類として求められるものに含まれていますので、同じものを提出してください。

8　農振除外の申出について

農振除外の可否は立地がポイント

事情があって青地を転用したい場合には、農用地利用計画変更（農用地区域除外）、通称農振除外の申出をすることになります。

青地の転用の可否は、その立地が大きくカギを握っているため、事前の相談の段階で立地上転用が難しい場合はすぐにその旨の回答をもらえます。もし、青地から除外した上で転用できる見込みが立つようであれば、次に都市計画法など他法令の見込みが立つかをそれぞれの窓口で協議してください。そちらの見込みも立つようであれば、いよいよ農振除外の申出となります。

申出は、市町村長宛てに提出するため、申出書の書式も市町村ごとに用意されています。指定の書式を使ってください。

申出書では、代わりに利用できる土地がないことや、青地から除外した後に確実に転用できる計画であるかという点を説明します。

【図表 31　農振除外申出書】

年　月　日

農用地利用計画変更申出書

○○市長殿

申出者　住所 ○○市○○町三丁目○番○号
コーポ○○１０１号
氏名　○○　○○　印
（名称及び代表者の氏名）

下記のため、農用地区域から除外する変更をしてください。

①	除外する土地	土地の所在地番		地目		面積	指定された用途	土地の所有者使用収益権者
				登記簿	現況			
		○○市大字○○字○○１００番		田	田	３００㎡	農地	○○○○
②	除外の目的及び除外の必要性	別紙のとおり						
③	事業計画	建物	専用住宅１棟　建築面積 52.99 ㎡　延床面積 105.98 ㎡ 軽量鉄骨造スレートぶき２階建					
		工作物(構築物)						
		その他						
④	当該土地の選定理由	別紙のとおり						
⑤	農業生産基盤整備事業の実施状況	事業名	団体営区画整理事業					
		地区名	○○地区					
		事業主体	○○土地改良区					
		受益面積	４００ha					
		事業完了年度	昭和５１年度					
		その他						
⑥	担い手の営農状況	今後の営農には支障なし						
⑦	その他必要な事項							

① 除外する土地

農振除外については、一筆の土地の一部を転用する場合には申出の段階で分筆登記が完了していなくても受付をしてもらえます。ただし、申出後に除外したい面積が変わることは認められないこともあります。

指定された用途は、基本的に「農地」となりますが、まれに用途の変更がされて農業用倉庫の敷地という場合もあります。

土地の所有者使用収益権者の欄は、所有者以外に耕作をしている者がいればその氏名を記載します。

② 除外の目的及び除外の必要性

この項目は、ある程度長い文章で説明する必要があるため、別紙への記載が一般的かと思います。例えば、目的が分家住宅の場合は、結婚して子が生まれ、アパートなどでは生活するスペースが足りないことを詳しく説明します。この後の章で説明する、農地転用許可申請書の添付書類の「理由書」と同じ内容となります。

③ 事業計画

建物であれば構造や建築面積・延床面積を、工作物は何を設置するかとその規模を、その他は駐車場などの場合に舗装をするかや駐車台数を記載します。

④ 当該土地の選定理由

これもある程度長くなるため、別紙で説明します。除外の申出をした土地以外に検討をした土地をいくつか挙げ、そこが利用できなかった理由を記載します。検討した土地の位置図も添付します。

⑤　農業生産基盤整備事業の実施状況

申出をする土地について、農地の効率化のための公共投資が行われた記録を記載します。土地改良区の事務所で聞き、そのまま記載するようにしてください。これが最近行われたものである場合は、事前相談の段階で見込みなしと回答されます。

⑥　担い手の営農状況

申出の土地を耕作する者が、他の土地も含めて一体として効率的な営農をしている場合は青地からの除外は難しいため、事前相談の段階で見込みなしと回答されます。よって、申出書を提出する段階では営農に支障なしとなっているはずです。

⑦　その他

税金面での優遇など、優良農地の所有者であることで特典を受けている場合に使用する欄です。窓口で記載すべき事項を確認して記載してください。

添付書類は、案内図や公図、登記事項証明書に加え、建物を建てる場合は配置図や平面図・立面図、土地の所有者や隣接する農地の所有者の同意書、土地改良区の同意書、計画のための資金についての資料に加え、別紙として除外の目的と必要性を説明した「理由書」や、同じく別紙として「土地選定理由書」などが必要です。おおよそ、農地転用の許可申請の添付書類と同じものが必要になります。

9　非農地証明願について

非農地証明願はあくまで例外的な措置

非農地証明願は、現況証明願とも呼ばれ、農地転用の許可を受けることなく、長い期間（市町村ごとに短いところで10年、長いところでは20年という基準を設けている）にわたって宅地などとして利用されている農地について、今後は農地として扱わないようにする例外的な措置です。

あくまで例外的な措置のため、例えば、青地についてはこのような措置は取ることができませんし、周辺農地への影響が大きい農地などにも適用はできないと思います。

また、都市計画法に違反している建物の敷地など、他法令に明確に違反している場合も適用は難しいと考えてください。

添付書類は、案内図、公図、登記事項証明書、建物などの配置図、現場写真（東西南北四方向から）、長い期間農地でないことを証明する資料です。

長い期間非農地であることをどう証明するのかがポイント

この証明願をする際に問題になるのが、長い期間非農地であることをどう証明するのかということです。

【図表32　非農地証明願出書】

現況証明願出書

令和　　年　　月　　日

○○市農業委員会長　殿

願出者　住所　○○市○○町一丁目○○番地

氏名　○○　○○　　　㊞

（願出代理人の場合、下記に併記）

1　土地の所在、地番、地目（登記簿上及び現況）、面積

所　　在	地　番	地　目		面　積
		登記簿	現　況	
○○市○○町三丁目	4番	畑	宅地	250㎡

2　土地所有者の住所・氏名
○○市○○町一丁目○○番地
○○　○○
3　現在の土地の利用状況及び利用者の住所・氏名
農業用倉庫の敷地として利用
○○市○○町一丁目○○番地　○○　○○
4　農地又は採草放牧地以外の現況の土地に変更された時期及び理由
昭和51年
農機具・農業用機械の収納のため、倉庫を建築

上記のとおり相違ありませんから、現況農地又は採草放牧地ではない旨証明願います。

上記のとおり相違ないことを証明します。

令和　　年　　月　　日

○○市農業委員会長

相当前から建っている建物の敷地に現在もなっている場合は簡単です。建物の登記がしてあれば、法務局に備え付けてある登記記録によって証明ができますし、登記記録に建築年が入っていなかったり未登記であったとしても、役所で建物の固定資産税の評価額の証明書を取得すれば大抵は建築年がわかります。

しかし、例えば、50年以上建物の敷地ではあるが、古い建物を取り壊して建て替えたため、現在建っている建物はまだ築10年未満であるというような場合には、それらの資料が手に入らない可能性が高いです。

または、宅地の一部ではあるが、上に建物が建っているわけではない庭の一部の場合はどうでしょうか。フェンスなどで囲まれた宅地の一部であれば非農地ではありますが、長い期間それが継続している証明資料と言われると意外と難しいものです。

こうした場合の資料としては、航空写真が考えられます。市町村によっては、役所の中で過去の空中写真を保管しているところもありますし、役所にない場合は国土地理院が撮影した過去の空中写真を証明してくれるサービスを利用するという手もあります。

時間と手間は多少かかりますが、通常通り農地転用許可を申請するよりは結果的に簡便な手続で済みます。

なお、非農地証明願が受理してもらえれば農地転用の許可申請は不要になりますが、土地改良区の受益地となっていた場合は、土地改良区からの除外申請は通常通り必要になります。

非農地証明願がもたらす思わぬ効果

非農地証明願は、過去にさかのぼってその土地の状況を証明する措置ですが、これには思わぬ効果がついてくることもあります。

都市計画法という法律によって、市街化区域と市街化調整区域に線引きされている地域があることは先に述べましたが、市街化を抑制する地域とされている市街化調整区域では、原則建物を建てることができません。しかし、これには特例措置があり、線引きがされる前から建物の敷地であった土地については、線引き後も建物を建てることができるとされているのです。

通常は、土地の登記記録を見て、線引き前に地目が変更されていることをもってその特例を受けることになります。

例えば、非農地証明願で線引き前から宅地であることを証明できれば、土地の登記記録が農地であったとしても、この特例を受けることができる可能性が高まるのです。

非農地証明願の窓口と都市計画法の許可の窓口は別ですし、市街化区域と市街化調整区域の線引きは、地域によっては昭和40年代にされていますので、相当前から非農地であったと証明できなければこの特例を受けることはできません。

しかしながら、市街化区域内の土地と同じように、建物を建てられる土地とみなしてもらうことができれば、利用価値は格段に高まりますし、財産としての価値も高まります。もし可能性があるようであれば、トライすることをおすすめします。

【図表33　第４章チェックリスト】

○　転用する農地は…

□自分の所有地

→４条許可申請書を使う。

□（親族も含めた）他人の所有地

→５条許可申請書を使う

○　申請書の内容

□当事者の住所・氏名は正確に記載できているか

□転用計画に具体性はあるか

□許可後に速やかに転用する計画になっているか

□必要以上の面積を転用する計画になっていないか

□資金に関する計画の数字は裏付資料と整合性がとれているか

□転用による周辺農地への被害を防ぐための方策が記載されているか

□事前にすべき手続や、並行して受けるべき他法令の許可について記載されているか

□軽微な修正に備えて各ページに捨印が押してあるか

第5章　集める添付書類

本章では、農地転用の許可申請に添付する書類のうち、集めるものについて解説します。なお、添付書類は、証明書や捺印といった原本のあるものは原本とコピーを1部か2部、原本のないものはコピーを2部か3部、市町村ごとに部数を確認して作成してください。

1　登記事項証明書（登記簿謄本）と公図（字絵図、更正図）

登記事項証明書は法務局発行のものを添付

窓口での相談前に取得するべき資料として紹介した登記事項証明書ですが、事前相談の際はインターネット上で閲覧できる登記情報でも代替可能でした。しかし、本申請の際には法務局発行の登記事項証明書が必要になります。また、登記事項が変わっている可能性をできるだけ排除する意味で、原則、発行から3か月以内のものでないといけません。広い農地を分筆して申請する場合は、原則、登記が完了した分筆後の登記事項証明書を用意しなければいけません。

しかし、法務局での分筆登記の際には、登記記録の上での面積と、分筆登記に際して厳密な測量をした現況の面積が大きくずれている場合に、担当者による現地調査が入って処理に時間がかかることがあります。予想以上に登記申請に時間がかかり、分筆登記の完了が農地転用許可の申請締切日に間に合わない場合は、農業員会事務局の窓口に相談してください。

公図はコピーでも可なことが多い

公図（図表34参照）については、法務局発行の証明付のものでなく、コピーでも可能とされていることが多いです。その場合は、インターネット上で閲覧できる情報をプリントアウトしたものを提出すれば大丈夫です。公図については、法務局発行のものが求められる場合も発行からの期限は指定されていないことが多いです。

公図には、申請地を赤枠でふち取って「申請地」と赤で記載し、申請地と接している土地すべての現況の地目と所有者についても記載します。

【図表34　公図】

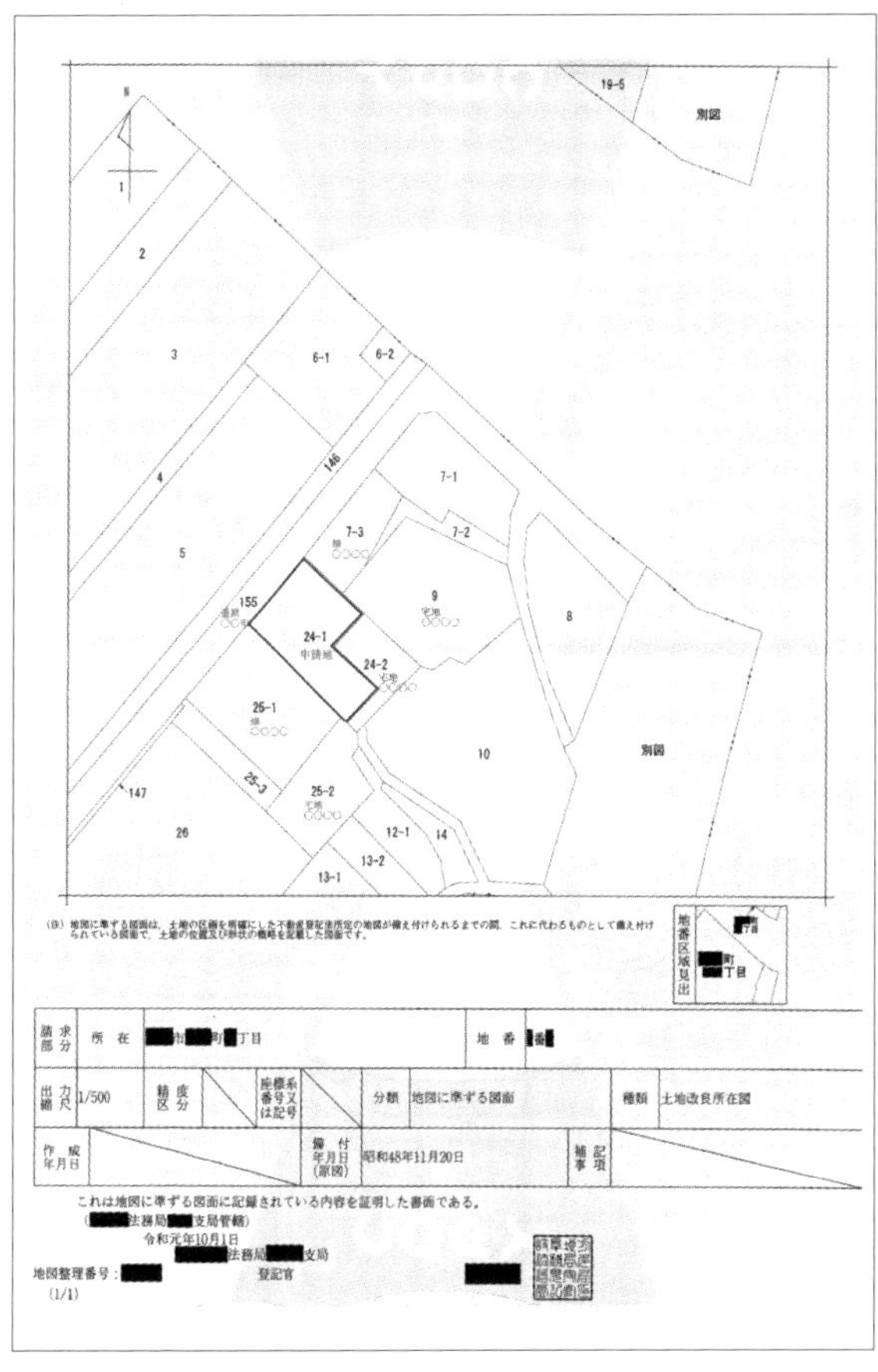

登記記録は、所有者でなくても誰でも取得可能ですので、隣接地の所有者については登記事項証明書等を取得して確認します。

2　案内図

２５００分の１の都市計画図が最適

案内図（図表35参照）は、住宅地図と考えていただければ問題ありません。申請地周辺の様子がわかる地図で、２５００分の1程度のものを添付します。

市町村の役所では、どこでも都市計画図という地図を作成しており、都市計画に関する部署に出向けば、その２５００分の1の切図を有料（1枚10円～２００円程度）で分けてもらうことができます。

これを添付するのが最適ですが、市町村によっては、インターネットに都市計画図を載せていて、自由にプリントアウトできる場合もありますので、その場合はそれで充分です。

グーグルマップなどのインターネット上の地図は、商用の利用の場合は著作権者の許諾が必要ですが、自分で申請する許可の添付書類としては許諾不要かと思います。

なお、案内図は、A3サイズで用意し、申請地を赤で囲んで「申請地」と記載します。

市町村によっては、申請地から排水された水が川に流れていくまでの経路を記載することを求められることもあります。その場合は、道路側溝などの排水先の水がどの方向へ流れていくかを申請地から辿って調査し、案内図に記載してください。

【図表 35　案内図】

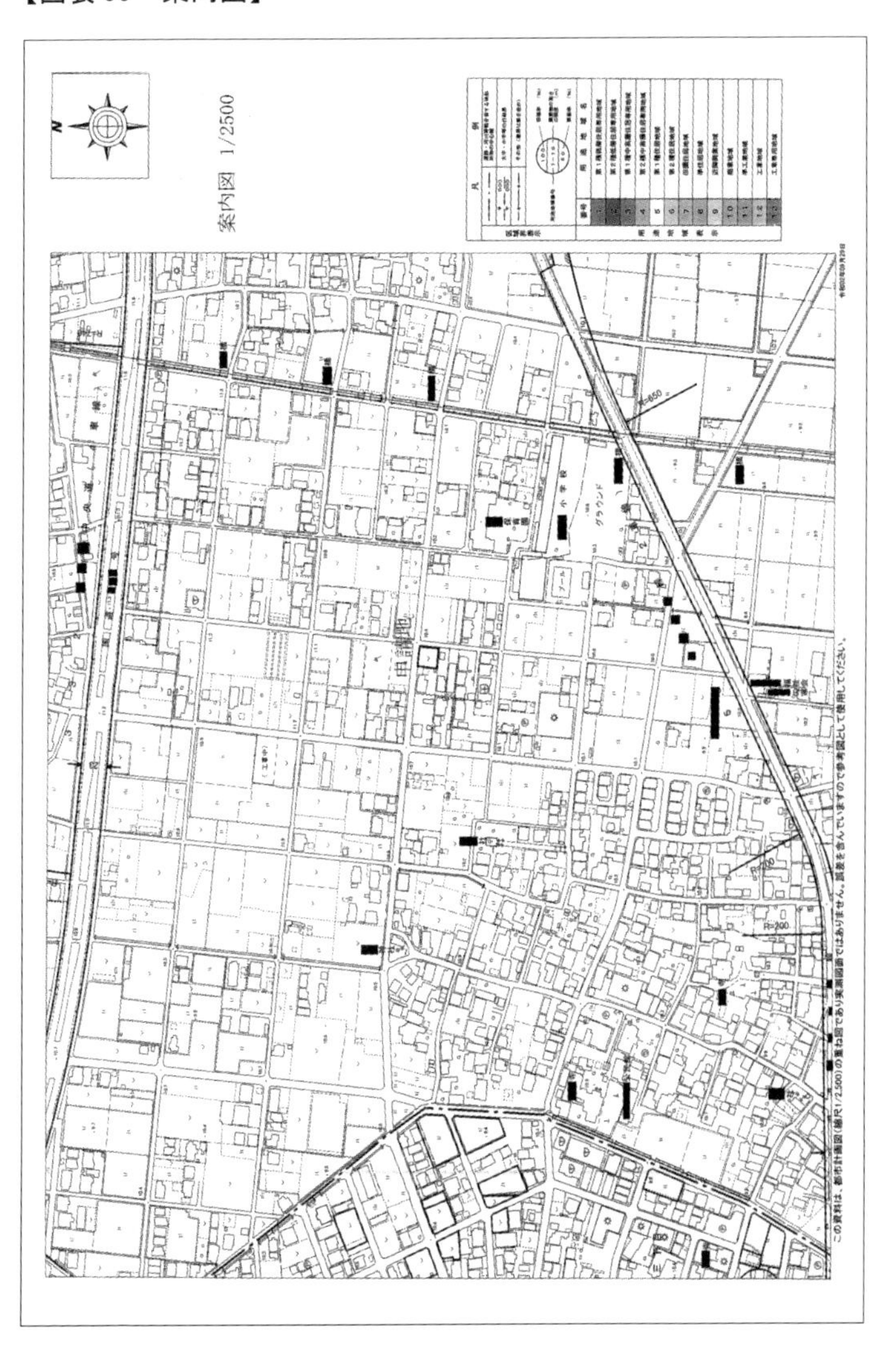

3　資金に関する証明書類

融資を受ける場合は事前審査の結果通知をつける

申請書の中の「資金調達についての計画」という項目で、調達方法について記載する欄がありましたが、その裏付資料として提出するのが図表36の「資金に関する証明書類」です。

転用のための資金の中に自己資金の部分がある場合は、普通預金や定期預金の口座の残高がわかる通帳のコピーやインターネット上の取引明細を添付します。残高部分のみだとどの銀行のどの支店かや名義人が誰であるかがわかりませんので、それらがわかる部分、通帳のコピーでいうと見開きの1ページ目も併せて添付してください。

転用資金に融資の部分がある場合は、融資が受けられることがわかる資料を添付します。「融資証明書など」と例が挙げられていることが多いですが、例えば住宅ローンなどの場合であれば、本審査までいかなくても、事前審査の結果がわかる資料のコピーで大丈夫なことが多いです。

なお、住宅建築を目的とした転用の許可申請の場合、農地転用の許可の申請者と建物の資金を出す建築主が一致しないこと（例えば、申請者は妻で建築主は夫と妻など）もあると思います。その場合は、農地転用の許可申請の申請者と、口座の名義人や融資の借主の関係性がわかる住民票や戸籍などを添付すれば大丈夫です。

【図表36　資金に関する証明書類（事前審査の回答書）】

２０２１年3月9日

○○　○○　様

○○銀行　○○ローンセンター　印

○○マイホームローン事前審査に対する回答書

○○マイホームローンの事前審査にお申込いただき、誠にありがとうございます。お申込みの資金ついて下記の条件でよろしければ、正式にお申込み手続きをいただきますよう、ご案内申し上げます。

記

お申込人	○○　○○　様	
お取引店	○○　支店	
お借入金額	￥30,000,000	
お借入期間	35年	
資金使途	土地購入及び建築資金	
連帯保証人	○○　○○　様	
取扱手数料（消費税込）	￥55,000	手数料はご融資時に一括でお支払い願います。
その他	分筆後の登記事項証明書・公図を提出してください。 地目を宅地に変更してください。 開発許可証をご提出願います。 農地転用許可証をご提出願います。 給与振込を返済用口座にご指定願います。 当行発行のクレジットカードにご加入願います。 火災保険にご加入願います。 ○○○○様を物上保証人とさせていただきます。	

以上

【ご留意事項】

この「事前審査に対する回答書」の有効期限は発行日より３か月です。

4 申請者が法人の場合に必要になる書類

原本証明が必要かを事前にチェック

申請者が法人の場合に必要になる書類は主に次の3種類です。

①（法人の）登記事項証明書（図表37参照）

会社謄本などと呼ばれる書類です。設立の登記がされている法人であれば、どこの法務局でも取得可能です。

土地や建物の登記事項証明書と同じく、郵送やオンラインでの請求も可能です。提出する証明書は発行から3か月以内のものを求められます。

法人の登記事項証明書は、役員や目的、資本金など必要な部分だけを載せることができたりと、証明書をアレンジする自由度が高いのですが、農地転用の許可に添付する場合は全部が載っているもの（証明書のタイトルが「履歴事項全部証明書」となるもの）を取得してください。

②定款（または寄附行為）（図表38参照）

法人の運営に関しての基本ルールを定めた書類です。法人の設立の際に作成するのですが、司法書士などの専門家に作成を丸ごと任せてしまうことが多いために、役員であっても内容を把握していないことが多いです。また、設立の登記が完了するとほとんど使用することがない書類なので、

【図表37 （法人の）登記事項証明書①】

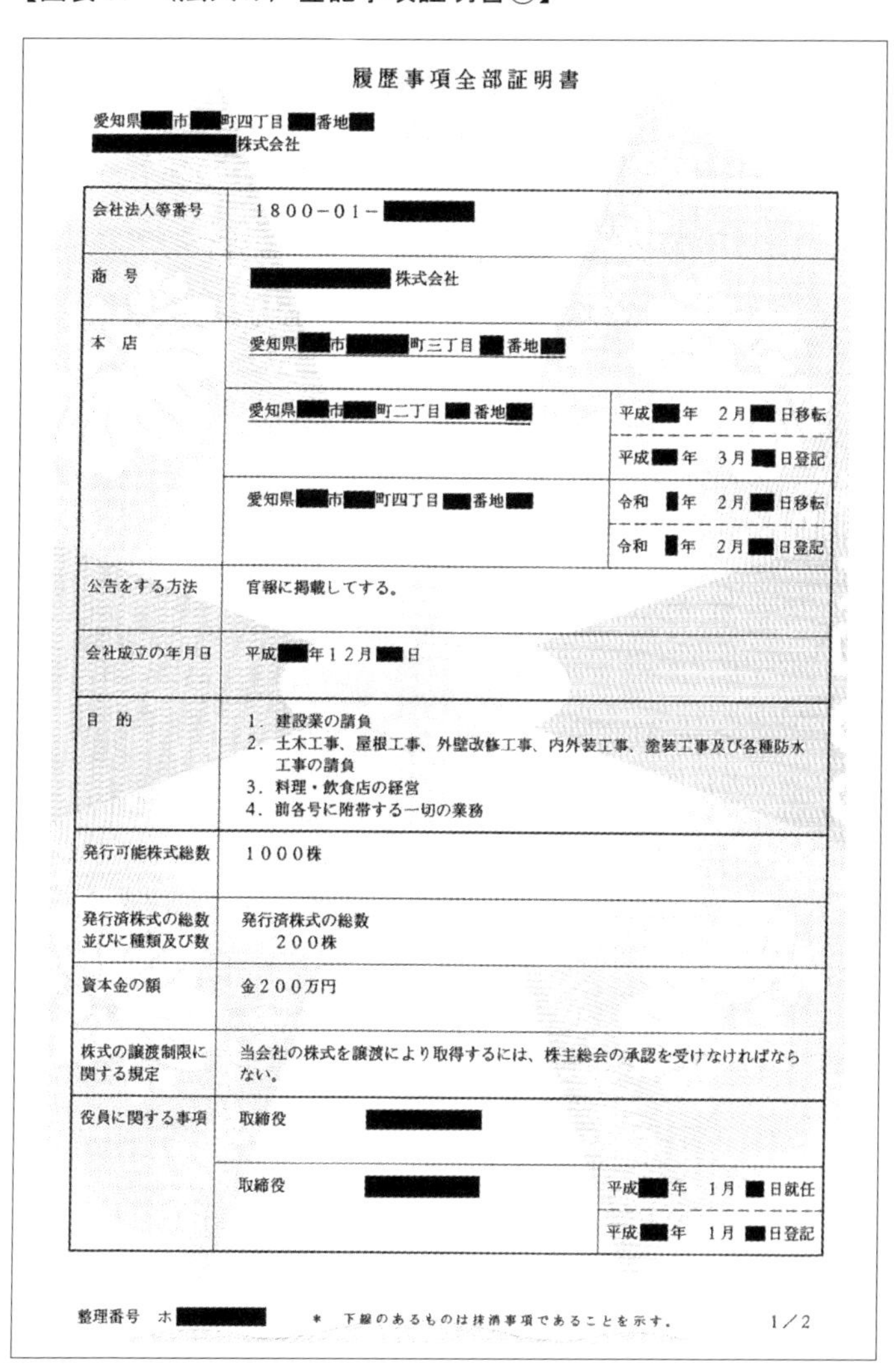

履歴事項全部証明書

愛知県■市■町四丁目■番地■
■株式会社

会社法人等番号	1800－01－■	
商　号	■株式会社	
本　店	愛知県■市■町三丁目■番地■	
	愛知県■市■町二丁目■番地■	平成■年　2月■日移転 平成■年　3月■日登記
	愛知県■市■町四丁目■番地■	令和■年　2月■日移転 令和■年　2月■日登記
公告をする方法	官報に掲載してする。	
会社成立の年月日	平成■年12月■日	
目　的	1．建設業の請負 2．土木工事、屋根工事、外壁改修工事、内外装工事、塗装工事及び各種防水工事の請負 3．料理・飲食店の経営 4．前各号に附帯する一切の業務	
発行可能株式総数	1000株	
発行済株式の総数並びに種類及び数	発行済株式の総数 200株	
資本金の額	金200万円	
株式の譲渡制限に関する規定	当会社の株式を譲渡により取得するには、株主総会の承認を受けなければならない。	
役員に関する事項	取締役　■	
	取締役　■	平成■年　1月■日就任 平成■年　1月■日登記

整理番号　ホ■　　＊ 下線のあるものは抹消事項であることを示す。　　1／2

【図表 37 （法人の）登記事項証明書②】

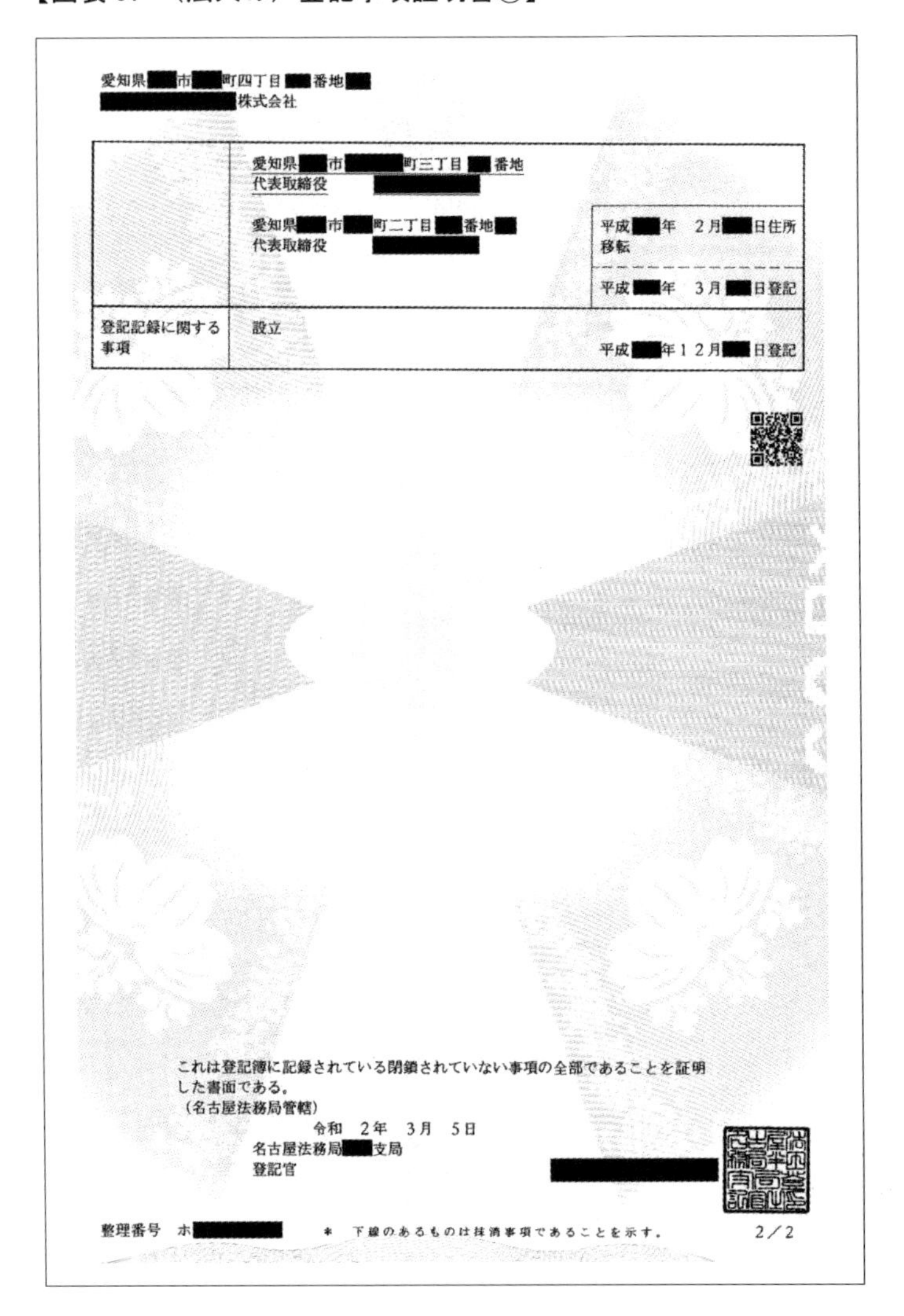

愛知県■市■町四丁目■番地■
■株式会社

	愛知県■市■町三丁目■番地 代表取締役　■	
	愛知県■市■町二丁目■番地■ 代表取締役　■	平成■年　2月■日住所移転 平成■年　3月■日登記
登記記録に関する事項	設立	平成■年12月■日登記

これは登記簿に記録されている閉鎖されていない事項の全部であることを証明した書面である。
（名古屋法務局管轄）
令和　2年　3月　5日
名古屋法務局■支局
登記官　■

整理番号　ホ■　＊　下線のあるものは抹消事項であることを示す。　2／2

【図表38　定款①】

株式会社○○建設定款

第1章　総　則

（商号）
第1条　当会社は、株式会社○○建設と称する。
（目的）
第2条　当会社は、次の事業を行うことを目的とする。
　⑴　建築工事の請負、施工
　⑵　産業廃棄物収集運搬業
　⑶　前各号に附帯又は関連する一切の事業
（本店所在地）
第3条　当会社は、本店を東京都千代田区に置く。
（公告方法）
第4条　当会社の公告は、官報に掲載する方法により行う。

第2章　株　式

（発行可能株式総数）
第5条　当会社の発行可能株式総数は、１００株とする。
（株券の不発行）
第6条　当会社の発行する株式については、株券を発行しない。
（株式の譲渡制限）
第7条　当会社の発行する株式の譲渡による取得については、株主総会の承認を受けなければならない。ただし、当会社の株主に譲渡する場合には、承認をしたものとみなす。
（基準日）
第8条　当会社は、毎年3月末日の最終の株主名簿に記載又は記録された議決権を有する株主をもって、その事業年度に関する定時株主総会において権利を行使することができる株主とする。
　2　前項のほか、必要があるときは、あらかじめ公告して、一定の日の最終の株主名簿に記載又は記録されている株主又は登録株式質権者をもって、その権利を行使することができる株主又は登録株式質権者とすることができる。
（株主の住所等の届出）
第9条　当会社の株主及び登録株式質権者又はそれらの法定代理人は、当会社所定の書式により、住所、氏名及び印鑑を当会社に届け出なければならな

【図表 38　定款②】

い。

２　前項の届出事項を変更したときも、同様とする。

第３章　株主総会

（招集時期）

第１０条　当会社の定時株主総会は、毎事業年度の終了後３か月以内に招集し、臨時株主総会は、必要がある場合に招集する。

（招集権者）

第１１条　株主総会は、法令に別段の定めがある場合を除き、取締役が招集する。

（招集通知）

第１２条　株主総会の招集通知は、当該株主総会で議決権を行使することができる株主に対し、会日の５日前までに発する。

（株主総会の議長）

第１３条　株主総会の議長は、取締役がこれに当たる。

２　取締役に事故があるときは、当該株主総会で議長を選出する。

（株主総会の決議）

第１４条　株主総会の決議は、法令又は定款に別段の定めがある場合を除き、出席した議決権を行使することができる株主の議決権の過半数をもって行う。

（議事録）

第１５条　株主総会の議事については、開催の日時及び場所、出席した役員並びに議事の経過の要領及びその結果その他法務省令で定める事項を記載又は記録した議事録を作成し、議長及び出席した取締役がこれに署名若しくは記名押印又は電子署名をし、株主総会の日から１０年間本店に備え置く。

第４章　取締役

（取締役の員数）

第１６条　当会社の取締役は、１名とする。

（取締役の資格）

第１７条　取締役は、当会社の株主の中から選任する。ただし、必要があるときは、株主以外の者から選任することを妨げない。

（取締役の選任）

第１８条　取締役は、株主総会において、議決権を行使することができる株主の議決権の３分の１以上を有する株主が出席し、その議決権の過半数の決議によって選任する。

【図表 38　定款③】

（取締役の任期）
第１９条　取締役の任期は、選任後５年以内に終了する事業年度のうち最終のものに関する定時株主総会の終結の時までとする。

第５章　計　算

（事業年度）
第２０条　当会社の事業年度は、毎年４月１日から翌年３月末日までの年１期とする。

（剰余金の配当）
第２１条　剰余金の配当は、毎事業年度末日現在の最終の株主名簿に記載又は記録された株主又は登録株式質権者に対して行う。

（配当の除斥期間）
第２２条　剰余金の配当がその支払の提供の日から３年を経過しても受領されないときは、当会社は、その支払義務を免れるものとする。

第６章　附　則

（設立に際して出資される財産の価額及び成立後の資本金の額）
第２３条　当会社の設立に際して出資される財産の価額は、金１００万円とする。
２　当会社の成立後の資本金の額は、金１００万円とする。

（最初の事業年度）
第２４条　当会社の最初の事業年度は、当会社成立の日から令和○○年３月末日までとする。

（設立時取締役）
第２５条　当会社の設立時取締役は、次のとおりである。
設立時取締役　　○○○○

（発起人の氏名ほか）
第２６条　発起人の氏名、住所及び設立に際して割当てを受ける株式数並びに株式と引換えに払い込む金銭の額は、次のとおりである。
東京都○○区○町○丁目○番○号
発起人　○○○○　　１０株、金１００万円

（法令の準拠）
第２７条　この定款に規定のない事項は、全て会社法その他の法令に従う。

以上、株式会社○○建設設立のため、この定款を作成し、発起人が次に記名押印する。

令和○○年○○月○○日
発起人　　○○○○　　　　　　（印）

どの書類かわからないということも多いです。

会社謄本と混同されていることが多いのですが、「○○株式会社　定款」といったように、しっかりとタイトルが入った書類ですので、探し出してコピーしてください。

サイズはB5でつくられていることもありますが、A4サイズに合わせてコピーするのがよいと思います。

定款は、法人の設立の際の法人運営のルールで、当然途中で変更されていることもあります。その場合は、その変更を決議した株主総会の議事録などのコピーも併せて求められます。

また、定款の内容によっては、農地転用の目的の事業について法人内の意思決定のプロセスを明らかにするために、その事業を行うことを決定した株主総会や取締役会の議事録を求められることもあります。

なお、定款のコピーなどには原本と相違ない旨の原本証明を入れるように求められることもありますので、窓口に確認してください。

③　決算関係書類

決算の際に作成される、「貸借対照表」や「損益計算書」などです。決算の際には、これ以外にも多くの書類が作成されますので、どこまでの書類が必要なのかは窓口に確認してください。

なお、決算関係書類も相違ない旨の証明が求められることがあります。

同じように事業目的でも、法人での事業ではなく、個人事業のために農地の転用許可を申請する場合もあるかと思います。その場合は、登記事項証明書の代わりに住民票、定款の代わりに事業証明書（役所の税務課で発行）や商取引の証明書（取引先発行のもの）、決算関係書類としては確定申告書のコピーなどを求められます。

5　土地改良区・農振除外に関する書類

早めに手続を進め目標スケジュールに間に合わせる

農地転用の際に、土地改良区での手続が必要になる場合については以前に触れましたが、この手続が済んでいる証明である「意見書」（今回の農地転用について、土地改良区の事業にどのような影響があるかを表明するもの。図表39参照）も農地転用の許可申請の際に必要とされる添付書類です。

また、青地を転用する場合の農振除外の手続は、完了までに最低でも半年程度の時間がかかりますが、手続の完了後、または実質的な審査が終わった段階で、その旨の通知書や証明書が発行されます。これらが発行されると農地転用の許可を申請することが可能になりますが、この通知書（図表40）や証明書も添付書類の1つとなります。

通知書や証明書が発行されるタイミングは、市町村や土地改良区によって違いますので、最初にスケジュールを確認し、転用許可の準備を進めてください。

【図表39　土地改良区の意見書】

発第　15　号

意　見　書

下記の土地に係る農地法第5条第　項の許可申請について農地転用に伴う措置（規程第3条）等について協議が整い本土地改良区としては支障ありません。

令和 2 年　月　日

用水土地改良区
理事長

記

1．通　知　者

転用組合員　住　所　　市　町　番地

氏　名

転用関係者　住　所　　市　町　番地

氏　名

2．土　　地

市　町	大　字	字	地　番	地　目	面　積　㎡	
					台　帳	現　況
市	町		100	田	200	200
以下余白						
合　計					200	200

転用目的	分家住宅
転用予定日	令和 2 年 11月 30日
備　考	

【図表 40　農振除外の申出に対する通知書①】

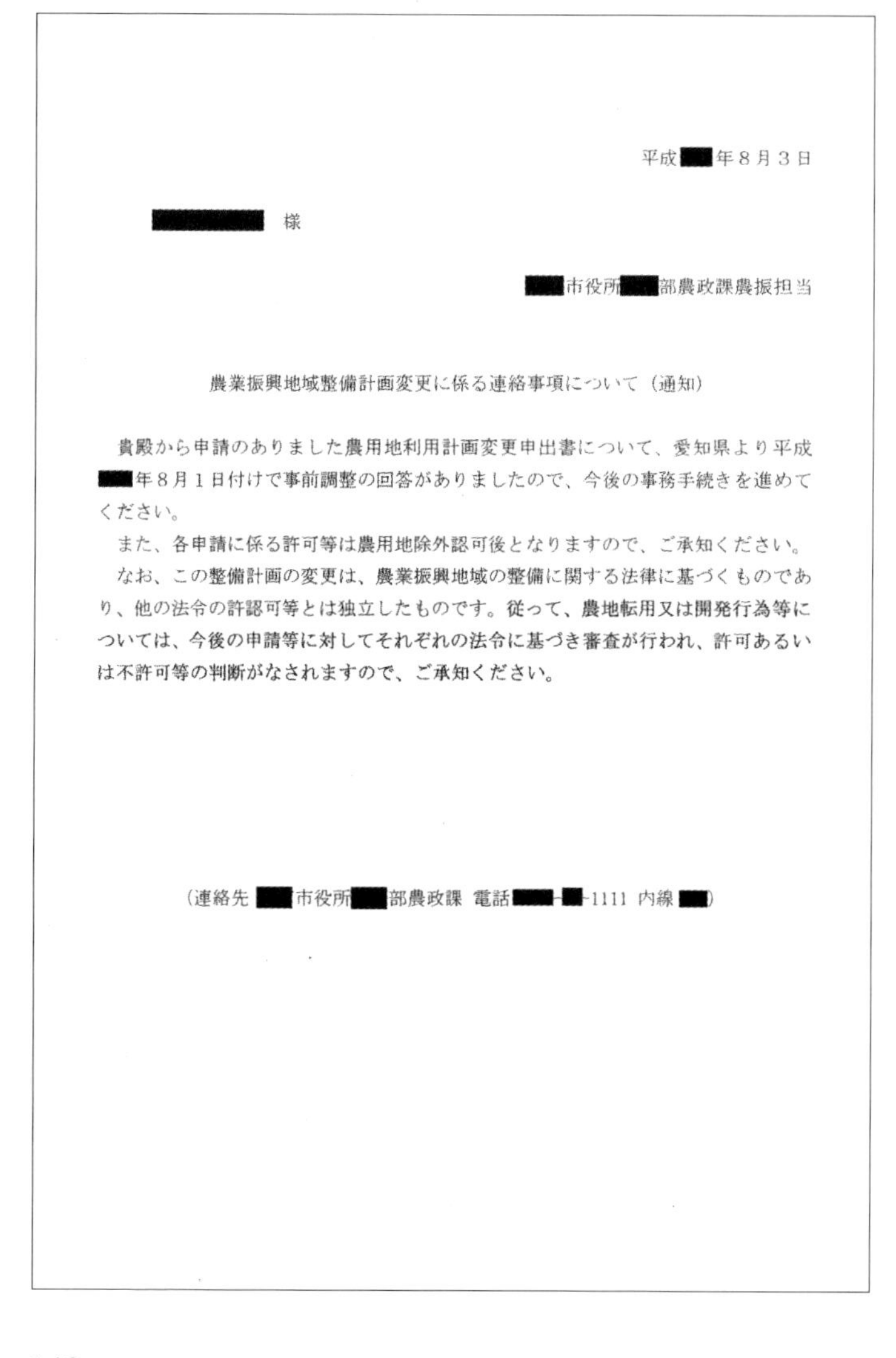

平成■■年８月３日

■■■■■■ 様

■■市役所■■部農政課農振担当

農業振興地域整備計画変更に係る連絡事項について（通知）

貴殿から申請のありました農用地利用計画変更申出書について、愛知県より平成■■年８月１日付けで事前調整の回答がありましたので、今後の事務手続きを進めてください。

また、各申請に係る許可等は農用地除外認可後となりますので、ご承知ください。

なお、この整備計画の変更は、農業振興地域の整備に関する法律に基づくものであり、他の法令の許認可等とは独立したものです。従って、農地転用又は開発行為等については、今後の申請等に対してそれぞれの法令に基づき審査が行われ、許可あるいは不許可等の判断がなされますので、ご承知ください。

（連絡先 ■■市役所■■部農政課 電話■■■-■■-1111 内線■■）

【図表40　農振除外の申出に対する通知書②】

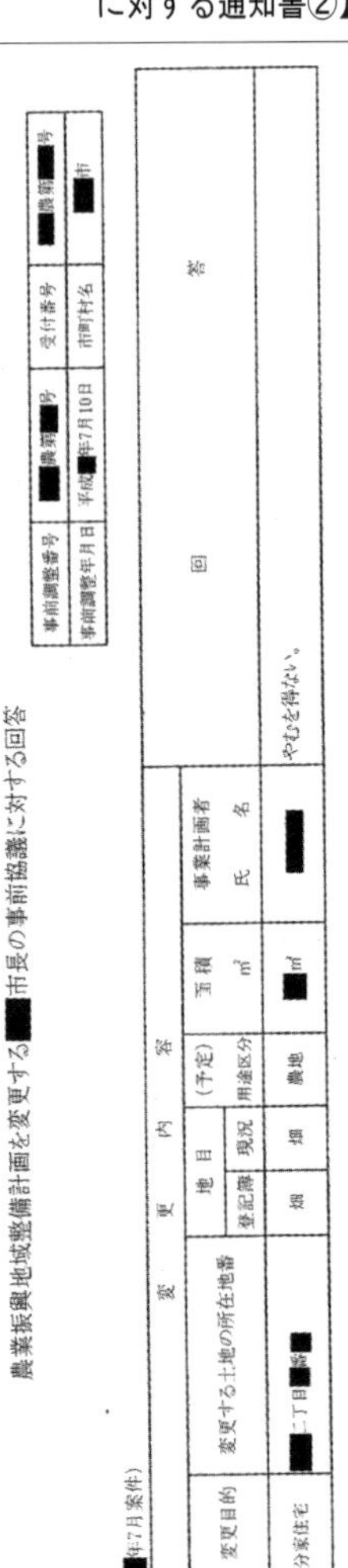

農業振興地域整備計画を変更する■市長の事前協議に対する回答

(平成■年7月案件)

事前調整番号	■農第■号	受付番号	■農第■号
事前調整年月日	平成■年7月10日	市町村名	■市

番号	変更内容						事業計画者氏名	回答
	変更目的	変更する土地の所在地番	地目 登記簿	地目 現況	(予定)用途区分	面積 m²		
■	分家住宅	■二丁目■番■	畑	畑	農地	■㎡	■	やむを得ない。

6　同意書・承諾書

転用する農地に対して何らかの権利をもっている者、または利害関係をもっている者の同意書や承諾書です。

同意書の例

同意書の例としては、抵当権が設定されている場合の抵当権者の同意書や、地役権が設定されている場合の地役権者の同意書、または、土地所有者以外に耕作者がいる場合の、耕作者の同意書などです。抵当権や地役権は登記事項証明書に記録されていますし、土地所有者以外の耕作者は農業委員会で把握されていると思います。
これら権利者の発行する書類については、ある程度時間がかかることが予想されますので、もし必要になる場合はどのような書式にすべきかを窓口とよく相談した上で、早めに準備をしてください。

承諾書の例

承諾書の例としては、転用後の敷地からの排水が川に到達するまでに通る水路がある場合の、その管理者の承諾書や、転用する農地の隣接地も農地の場合の、隣接地の所有者や隣接地の耕作者の承諾書です。

水路については、土地改良区が管理するものであれば、土地改良区からの除外申請の際に併せて承諾書をもらう手続をしますが、水利組合など、また別の法人が管理している場合もありますので、よく調査するようにしてください。

隣接する農地の所有者や耕作者の承諾については、申請書の中に承諾をもらった旨の記載をすれば済む市町村もありますが、承諾書という形を取らなかったとしても、後々のトラブル回避のために承諾自体は必ずもらうようにしてください。隣接地の所有者が遠方に住んでいたり、行方がわからず承諾がもらえない場合は、それをそのまま窓口に報告するようにしてください。

承諾書の書式についても窓口とよく相談して作成してください。隣接地についての承諾書は内容がほぼ決まっていますので、例を挙げておきます（図表41参照）。

【図表41　隣地所有者・隣地耕作者の同意書】

隣 地 承 諾 書

転用者住所　○○県○○郡○○町○○２００番地
コーポ○○１０１号
氏　　名　　○ ○ ○ ○　　　　印

１．農地転用を行う土地
○○郡○○町大字○○字○○１００番
田 ・(畑)　２５０㎡
始め　　一筆　　合計　２５０㎡

２．転用の目的
分家住宅の建築

今般、上記土地の農地転用に伴い、隣接する農地の作物等に被害を及ぼさないよう留意のうえ処理され、以降も既存の施設等に配意いただければ、隣地耕作者並びに所有者として異議ありませんので承諾します。

令和　　年　　月　　日

○○町農業委員会長　殿

隣接の地番

字○○　　１０１番　　畑　　　　所有者　　○ ○ ○ ○　　　　印

耕作者　　○ ○ ○ ○　　　　印

7　他法令の許可に関する書類

農地転用の許可に関係する他法令の許可としては、市街化調整区域に建物を建てる場合の都市計画法の許可や、公共の道路や水路を私的に利用する際の道路・水路占用許可が代表的です。それ以外にも、例えば、砂防法や河川法、市町村ごとの条例による規制など、申請地のロケーションによって様々な許可が必要とされるため、窓口の相談の際にできる限りの情報を引き出して準備をしましょう。

ただし、都市計画法の許可は、農地転用の許可と関わりが深いので、都市計画法の許可申請に添付した書類で農地転用許可に添付されていないもののコピーの添付を求められることもあります。

転用する土地に関係する許可以外に、法人や個人の事業に関する許可証を求められることもあると思います。建設業や運送業の許可証や、事業用の駐車場であれば置く予定の車の車検証など、申請の内容によって求められる書類も増えたりしますので、窓口との連携は密にしてください。

8　その他

場合によって必要になる書類

これまで解説した添付書類以外で、場合によって求められる書類で主なものを挙げておきます。

① 住民票、戸籍の附票、戸籍謄本（抄本）、遺産分割協議書

添付書類の1つである登記事項証明書には所有者が記録してありますが、記録してある情報は住所と氏名のみです。そのため、所有者が住所移転をしていた場合は、現在の住所とのつながりを示す書類を添付しなければいけません。住民票でつながらない場合は、戸籍の附票、それでもつながらない場合は窓口と相談してください。

また、登記記録上の所有者がすでに亡くなっていて、遺産分割協議は終わっているが相続の登記がされていない場合は、相続関係のわかる戸籍謄本と遺産分割協議書のコピーを添付して申請することもできます。ただ、ここまで書類がつくってあるならば、先に登記をしてしまったほうが楽かと思います。

なお、申請者が他市町村に在住している場合は、住所の証明のために住民票の添付を必ず求めるという市町村もあります。

② 地積測量図

登記記録上の土地の面積は、20年ほどの間に区画の整理や分筆登記のための測量を行っている土地でなければ現況と大きくずれていることが多いです。数㎡程度のズレであればともかく、転用面積が適正であるかの判断に影響を及ぼすほどの面積の差がある場合は、現況の地積を示した測量図を添付する必要があります。

また、農地の筆の一部を転用する場合は、転用面積の算定の根拠を示す必要がありますので、当然に測量図が必要になります。

この測量図は、土地家屋調査士などの専門的な資格を持った者による捺印が必要になりますので、依頼するようにしてください。

③　印鑑証明書

市町村によって求められることがあります。申請意思が明確であるかの確認や、申請代理人である行政書士への委任の意思の確認のために添付を求められます。

④　農地基本台帳

農家住宅の建築のための転用許可の場合に求められます。

農家住宅は、言うまでもなく農家のための住宅ですが、農家とは一般に、１０００㎡以上の農地を耕作していて、世帯構成員の誰かの耕作の従事日数が年60日以上あるような世帯を指します。

農地基本台帳は、農家ごとにつくられ世帯構成員、耕作している農地、営農の状況などが記録されています。これをもとにその世帯が農家であるかどうかが判断され、農家住宅が建築できるかが左右されます。また､農地基本台帳以外に耕作している農地の分布図を求められることもあります。

⑤　太陽光発電設備の設置に関する書類

太陽光発電設備の設置を目的とした農地転用の許可申請の場合、次の章で説明する土地利用計画図にパネル等の配置計画を記すとともに、パネルの仕様がわかるカタログや、パネルの架台の仕様がわかる構造図等、経済産業省からの認定を受けた通知書、電力会社との連係の契約がわかる書類などが求められます。

【図表42　第５章チェックリスト（集める添付書類）】

□登記事項証明書
□公図
□案内図（２５００分の１の都市計画図など）
□資金に関する証明書類（預金通帳のコピー、融資の事前審査の回答書など）

申請者が法人の場合

□（法人の）登記事項証明書
□定款のコピー
□直近の決算関係書類

土地改良区の受益地の場合

□土地改良区の意見書

青地の場合

□農振除外の通知書

市町村ごとに求められる書類

□同意書・承諾書
□印鑑証明書

登記されている所有者の住所が変わっている場合

□住民票など

相続が発生している場合

□戸籍謄本・遺産分割協議書

農地の一部を転用する場合

□地積測量図

農家住宅を建てる場合

□農地基本台帳

太陽光パネルを設置する場合

□パネルの仕様書、架台の構造図、認定通知書、連携の契約書など

第6章　作成する添付書類

本章では、農地転用の許可申請に添付する書類のうち、作成するものについて解説します。

1　土地利用計画図

必ず記載すべき内容は周辺の土地への被害を防ぐ対策

転用する土地全体の利用計画を真上から見た図面で表現します（図表43参照）。

縮尺は、転用する面積にもよりますが、100分の1から300分の1くらいまでの大きさで、できればA3の大きさに収まるように作成するようにしてください。

そして、すべてのケースで重要になるのは、転用による周辺の土地への被害を防ぐための計画を示すことです。

まずは、転用する土地から土砂が流出するのを防ぐための土留めです。隣接地との地面の高低差ができる場合は、通常はコンクリートブロックを数段設置しますが、田の転用の場合は高低差が1m以上になることもあります。そんな場合は、鉄筋コンクリートの擁壁を設置する旨を記載します。

資材置場に土砂を置いておく計画の場合は、その土砂の流出を防ぐために、地面からある程度の高さの壁を設置すべきです。

その他に、転用する土地に降った雨水の処理をどうするのかについても記載してください。雨水桝や雨水の集水用の溝を設け、最終的に1か所に集めて道路側溝などへ放流させます。

道路側溝への接続ポイントは、転用する面積が広く排水のための管の勾配が取れないなどの理由

【図表 43　土地利用計画図】

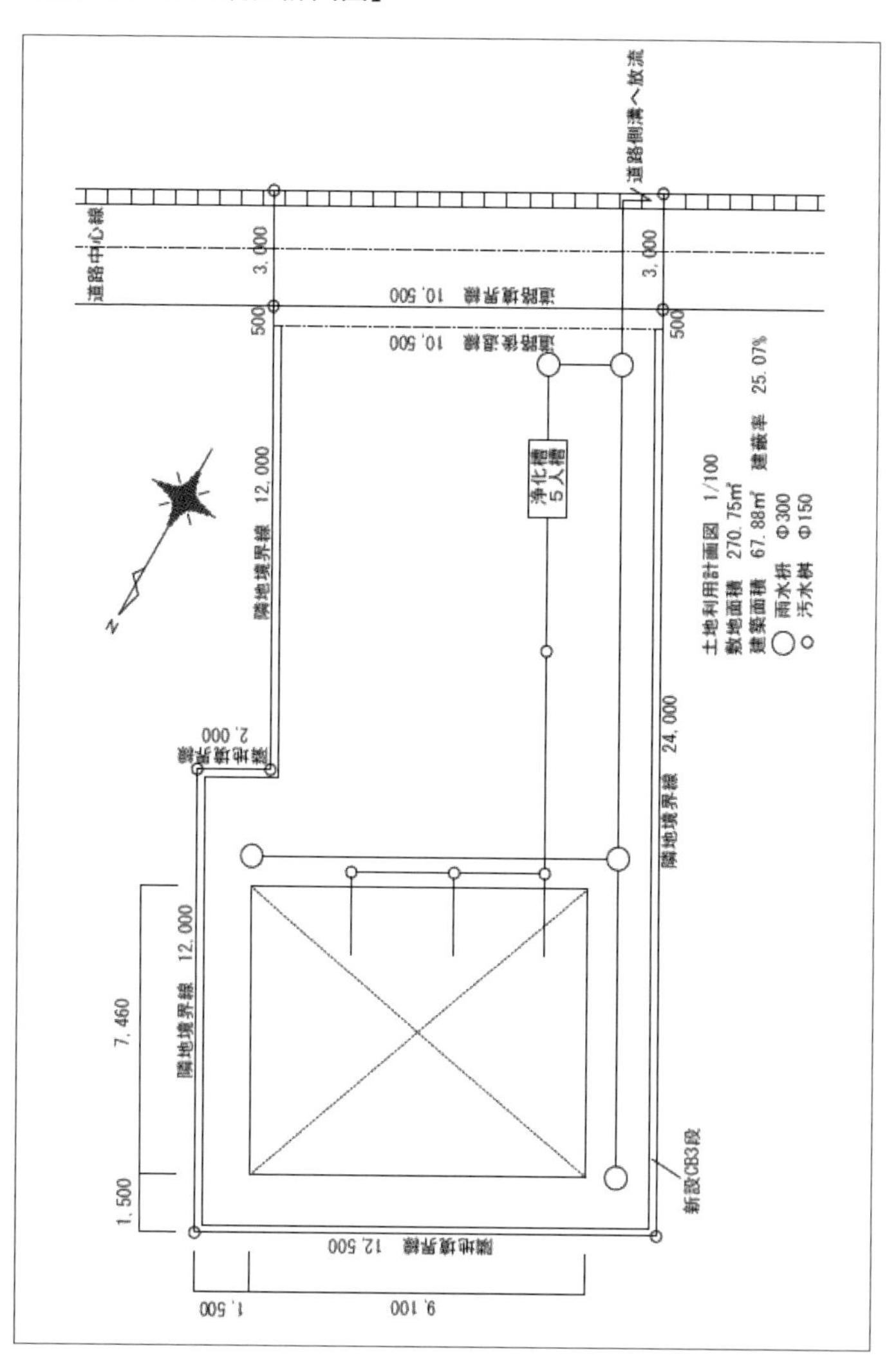

がない限りは1か所しか認められません。

また、道路側溝へ接続するポイント付近に最終桝を設けてください。最終桝には、排水管に流れ込んだ土砂が道路側溝などに流れ込まないよう、土砂を溜める泥溜めを15㎝以上確保します。

転用目的ごとの記載すべき内容

建物を建てる場合は、ハウスメーカーなどが配置図面を作成してくれていると思いますので、その図面をアレンジして土地利用計画図をつくります。建物を配置する位置に加え、駐車スペースなどを明示します。

図面上、大きな空きスペースができてしまわないよう、どのように敷地を利用するかをなるべく詳しく説明してください。そして、生活排水の処理についても詳しく記載してください。公共下水に接続する場合はその経路と汚水桝の設置位置、浄化槽を設置する場合はその位置も記載してください。

工作物（太陽光パネルなど）を置く場合は、工作物の配置を記載します。

資材置場にする場合は、資材の種類や量を説明し、それぞれの置き場所を図示してください。資材を入れておくための大きな容器などを置く場合は、サイズやどのような素材であるかも含めて説明します。

駐車場にする場合には、駐車する車の種類と用途、台数や駐車枠などをなるべく詳しく明示してください。

2　建物の平面図・立面図

つくってもらったものをそのまま添付

建物を建てる場合に必要になる書類です。

平面図（図表44参照）は、いわゆる間取り図のようなものですが、各部屋の用途と部屋のサイズが入った図面です。これもハウスメーカーなどが作成してくれると思いますので、土地利用計画図と重ね合わせて精査ができるよう、方角を入れておきます。

縮尺は一戸建てなら50分の1程度、大きな建物であれば１００分の1程度で作成し、Ａ３サイズに収めるとよいと思います。

立面図（図表45参照）は、建物を真横から見た図面で、やはりハウスメーカーなどが作成してくれます。２方向以上からの図面を添付し、縮尺は土地利用計画図に合わせて１００分の１から３００分の1程度で作成するとよいと思います。

これらの図面は、基本的にはつくってもらったものを添付するだけですが、転用の目的に合わないもの（住宅なのに店舗や事務所として使用する部分があるなど）であったり、目的に対して過大（居住する人数に対して部屋数が多過ぎるなど）な場合には、説明を求められたり、多少の計画変更を求められることもあります。

【図表 44　建物の平面図】

6,430
910
3,670
2,730
2,275
2,305
7,280
1,880
880
940
台所
居間
多目的スペース
階段
クローク
洗面
ホール
和室
浴室
トイレ
玄関
玄関収納
板の間
押入
1階平面図　1/50
1,850
910
1,365
455
1,820
940
N

【図表 45　建物の立面図】

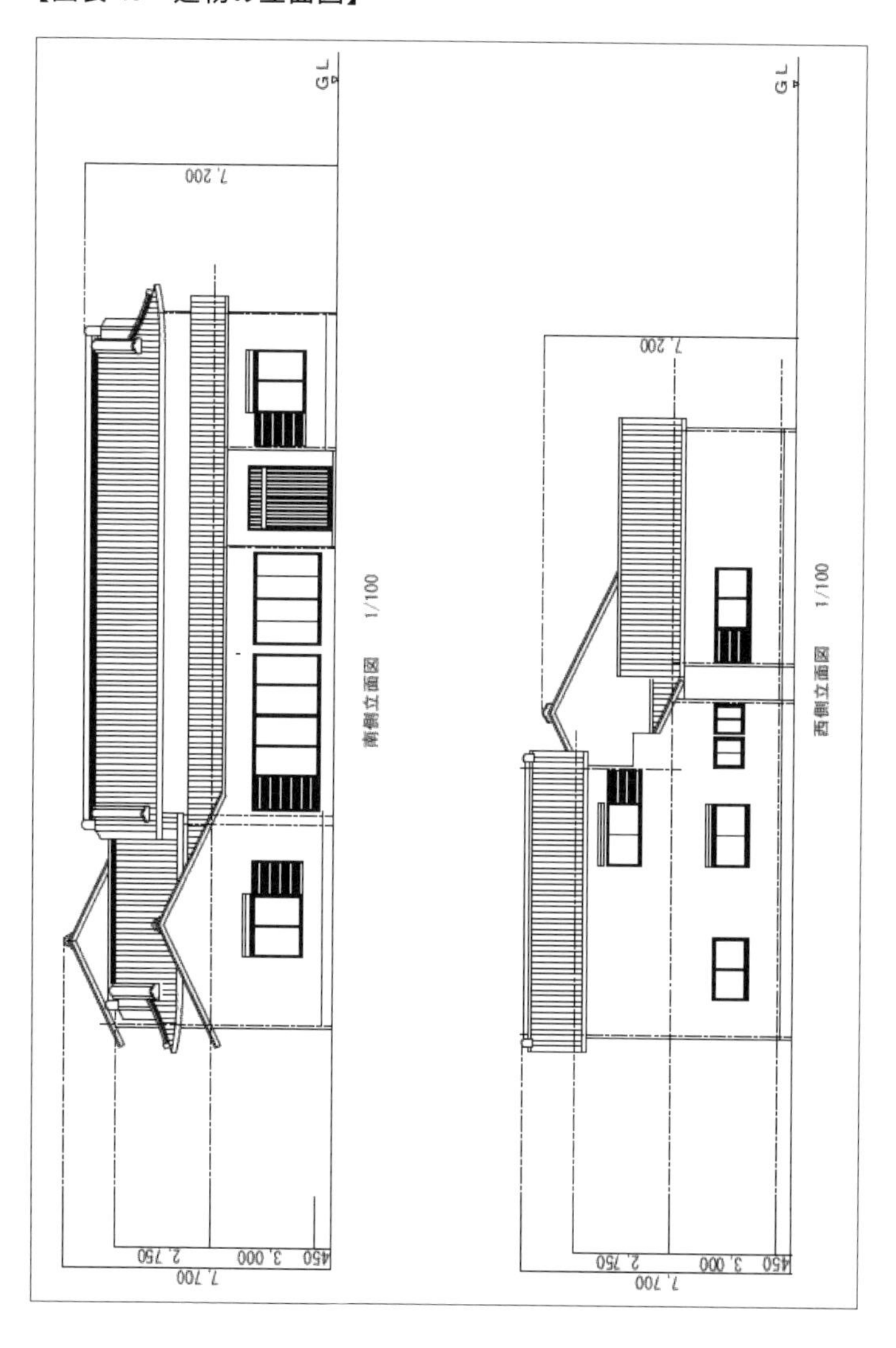
GL
7,200
南側立面図　1/100
450　3,000　2,750
7,700
GL
7,200
西側立面図　1/100
450　3,000　2,750
7,700

3　造成計画図

盛土・切土が30㎝以上ある場合は添付の必要を確認

土地の造成がある場合に添付する書類（図表46参照）です。どの程度の盛土・切土がある場合に作成すべきかについては市町村ごとに判断が分かれますが、30㎝以上の盛土・切土が部分的にでもあるようであれば作成すべきかを窓口に確認してください。

縮尺は、土地利用計画図に合わせて１００分の1から３００分の1程度で作成し、Ａ４サイズ、収まらなければＡ３サイズで作成するとよいと思います。

土地利用計画図上に造成する範囲を追記した図面の他、土地利用計画図上の縦と横の1か所以上を指定し、土地を切った断面図もつくります。

断面図は、現況の地面との対比がわかるように、現況の地面のラインも記載し、いくつかのポイントでどの程度の盛土・切土があるかを数字で示します。盛土部分には緑色、切土部分には茶色といったように、わかりやすいように着色をしておいてください。

建物を建てる場合は、建物の位置も示し、コンクリートブロックなどの土留めも示してください。隣接地との高低差が大きく、土留めも高さが出る場合には、土留めの構造図などを添付することも求められるかもしれません。

【図表 46　造成計画断面図】

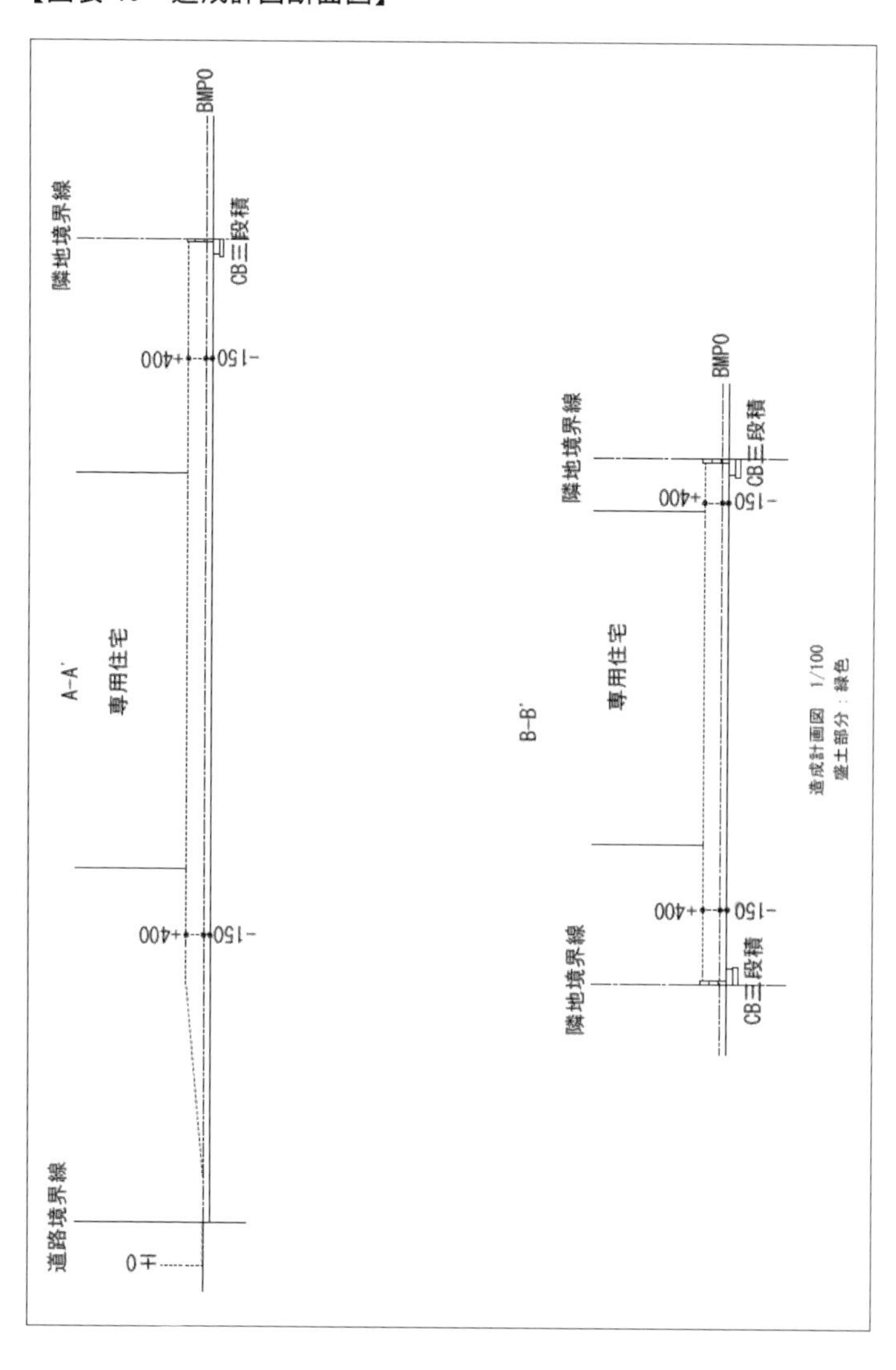

4 理由書

農地を転用することが必要であることを説明する

農地を転用する理由を説明するための文書です。

農地転用許可の申請書には、転用の理由を記載する欄が設けてありますので、そこに収まるようであれば理由書は不要です。しかし、特に市街化調整区域に建物を建てる場合などは、都市計画法の許可申請で詳細な理由書を作成します。その場合は、同じ内容のものを農地転用の許可申請に添付することを求められるため、自然と別紙で作成しなければいけなくなります。

内容としては、転用の目的の緊急性と必要性、代替地がないことなどを個人的な事情を絡めながら記載します。また、周辺農地への影響が少ないことも添えておくとよいと思います。決まった書式は原則ありませんが、目的別に例をいくつか挙げておきますので、参考にしていただければと思います。

① 分家住宅（図表47参照）

市街化調整区域で建物を建てるケースのため、都市計画法の許可要件を満たす内容になっています。

婚姻によって新たな世帯をつくり、子も生まれたことで生活のためのスペースが必要になったこと、申請地は生活する環境として優れていて、転用をすることで周辺農地へ与える影響も少ないこと、実家には後継者がいるため将来空き家にはならないことなどが記されています。

【図表47　理由書　分家住宅】

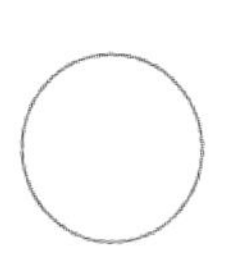

理　由　書

令和　　年　　月　　日

○○県知事　殿
（○○市長）

住所　○○市○○町一丁目○○番地
　　　コーポ○○１０１
氏名　　　○　○　○　○

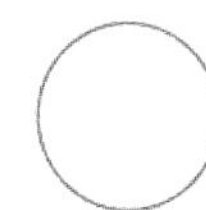

私は現在、妻と子とともに○○市内のアパートに居住しておりますが、２人目の子も生まれ生活スペースが手狭になってきたため、住宅の建築を考えております。

私と妻には所有する土地がないためまずは住宅用の土地の購入を検討しました。私と妻の共働きの生活を維持していくことを考えた時に、子育てには両親の助けを借りることが必須と考えておりますが、ある程度私の実家に近い場所では適当な土地が見つかりませんでした。

そこで、住宅用の敷地について両親に相談したところ、父・○○○○が祖父より相続して所有している下記の土地を提供してもらえることとなりました。父は市街化区域内には土地を所有しておらず、市街化調整区域内に所有する他の土地は全て優良農地であるため、下記の土地以外の農地の転用は現実的ではありません。

下記の土地は私の実家にもほど近く、私が生まれ育った地域です。周辺には私と同じく子育てをする地元の友人も多く住んでおり、両親以外にも様々なサポートを受けながら子育てができる環境だと考えています。

また、下記の土地は農地ですが、東側以外は周囲を道路で囲まれており、転用しても周辺の農地への影響は比較的少ない土地です。東側の農地は私の叔父が所有していますが、今回の計画に賛成してくれています。

なお、父の住む実家の後継者は姉・○○○○で、現在、両親と同居しております。

以上ご理解の上、何卒農地転用のご許可の程、よろしくお願いいたします。

土地の表示
○○市○○町字○○１００番
畑　　　　３００㎡

② **駐車場**（図表48参照）

農地として維持管理していくのが難しくなったことや、近隣住民のための駐車場としての需要があることに加え、周辺農地への影響が少ないことを説明しています。

【図表48　理由書　駐車場】

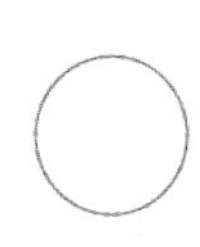

理　由　書

令和　　年　　月　　日

○○県知事　殿
（○○市長）

住所　□□県□□市□□町一丁目○○番地

氏名　　　○　○　○　○

私は大学進学のために生まれ育った○○県を離れて以来、そのまま□□県で就職、その後結婚し、現在、妻と子とともに□□県□□市内に一戸建ての住宅を建築し、居住しております。

昨年、父が急逝し、実家の隣にあった畑を私が相続しました。この畑は父が祖父より相続したものを、仕事を退職した後に耕作していたものですが、父が亡くなったことで耕作する者がいなくなり、現在は休耕畑となっています。私には姉が一人おりますが、私よりも実家から遠い△△県に居住しているためこの畑の管理はできず、また、実家に住む母も高齢で耕作を引き継ぐのは難しいと言っております。

そんな折、実家の近所の方が母の元を訪れ、その土地を転用して駐車場として貸してもらいたいと申し出ているとの話を聞きました。私の実家は市街化調整区域内にありますが、市街化区域に近いために生活の便が良く、集落が少しずつ広がって多くの方が居住しています。そのため、近隣の方の生活のための駐車場が慢性的に不足しているようなのです。

幸い、この畑は前面の道路以外を全て宅地に囲まれているため、転用による周辺の農地などへの影響はほぼありません。このまま休耕地としていることに比べれば、地元の方のために使っていただく方が土地の有効活用にもなり、管理もしやすくなります。母の話によれば、駐車場にするのであれば借りたいという方が既に６名もいらっしゃるとのことでした。

こうしたことから今般、農地の転用を申請することを決意いたしました。

以上ご理解の上、何卒農地転用のご許可の程、よろしくお願いいたします。

土地の表示
○○市大字○○字○○２００番
畑　　　　　１５０㎡

③ 店舗（図表49参照）

店舗を経営するための経験が十分であることや、店舗にふさわしい土地であること、十分な需要が見込めることのアピールをした内容です。また、都市計画法の要件に合致した業種と規模でもあります。

【図表49　理由書　店舗】

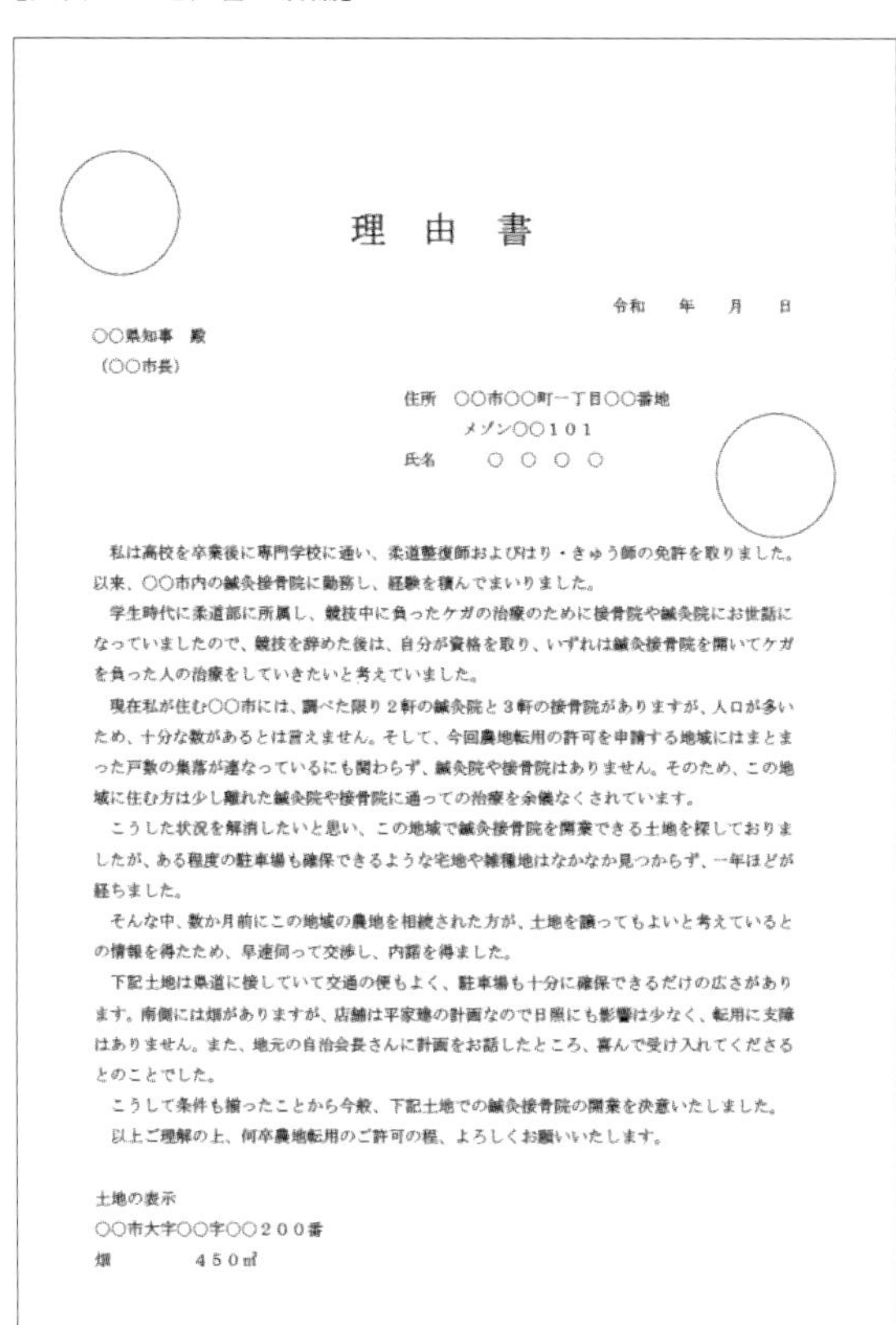

理　由　書

令和　　年　　月　　日

〇〇県知事　殿
（〇〇市長）

住所　〇〇市〇〇町一丁目〇〇番地
メゾン〇〇１０１
氏名　　〇　〇　〇　〇

私は高校を卒業後に専門学校に通い、柔道整復師およびはり・きゅう師の免許を取りました。以来、〇〇市内の鍼灸接骨院に勤務し、経験を積んでまいりました。

学生時代に柔道部に所属し、競技中に負ったケガの治療のために接骨院や鍼灸院にお世話になっていましたので、競技を辞めた後は、自分が資格を取り、いずれは鍼灸接骨院を開いてケガを負った人の治療をしていきたいと考えていました。

現在私が住む〇〇市には、調べた限り２軒の鍼灸院と３軒の接骨院がありますが、人口が多いため、十分な数があるとは言えません。そして、今回農地転用の許可を申請する地域にはまとまった戸数の集落が連なっているにも関わらず、鍼灸院や接骨院はありません。そのため、この地域に住む方は少し離れた鍼灸院や接骨院に通っての治療を余儀なくされています。

こうした状況を解消したいと思い、この地域で鍼灸接骨院を開業できる土地を探しておりましたが、ある程度の駐車場も確保できるような宅地や雑種地はなかなか見つからず、一年ほどが経ちました。

そんな中、数か月前にこの地域の農地を相続された方が、土地を譲ってもよいと考えているとの情報を得たため、早速伺って交渉し、内諾を得ました。

下記土地は県道に接していて交通の便もよく、駐車場も十分に確保できるだけの広さがあります。南側には畑がありますが、店舗は平家建の計画なので日照にも影響は少なく、転用に支障はありません。また、地元の自治会長さんに計画をお話したところ、喜んで受け入れてくださるとのことでした。

こうして条件も揃ったことから今般、下記土地での鍼灸接骨院の開業を決意いたしました。

以上ご理解の上、何卒農地転用のご許可の程、よろしくお願いいたします。

土地の表示
〇〇市大字〇〇字〇〇２００番
畑　　　　４５０㎡

5　土地選定理由書

代替地がないことを詳しく説明する

理由書を補完する書類で、申請する農地を選んだ理由を他の候補地と比較しながら選定の過程を明らかにする書類です。

これも理由書と同じく、市街化調整区域に建物を建てる場合は、都市計画法の許可申請で詳しい説明を求められるため、ほとんどのケースで必要となります。

また、青地を転用する場合は、なぜその立地でなければならないかがきっちり問われますので、必ず作成することを求められます。

ただし、この書類は、市町村ごとに求められる度合いにバラツキがあります。白地であってもなるべく周辺が農地でない土地を選ぶことを求められる市町村もあれば、白地であれば周辺の状況に関係なく転用を認めてくれる市町村もあります。

特に、農地転用の許可について市町村に権限移譲されている場合は、市町村の裁量も大きくなるため、ある程度都市化が進んでおり、どの農地を転用するかの選択についてはあまり細かな審査をしないといった市町村もあります。

決まった書式はありませんが、例を挙げておきますので、参考にしていただければと思います。

①　分家住宅（図表50参照）

市街化調整区域で親の土地を借りて分家住宅を建てる際に、親の所有地を検討した結果の一覧。申請地以外にも土地はあるが、建物の敷地や優良農地のために住宅の建築ができるのが申請地のみであることがわかる。

【図表 50　土地選定理由書　分家住宅】

土地選定理由書

【○○　○○　所有地】

No.	所在・地目・地積	備考
①	○○市○○町○○２０番 田　１３００㎡	優良農地（青地）
②	○○市○○町○○２１番 田　１６００㎡	優良農地（青地）
③	○○市○○町○○２０番 田　７００㎡	優良農地（青地）
④	○○市○○町○○２０番 田　１７０㎡	農業用倉庫の敷地
⑤	○○市○○町○○１５番 宅地　７０．５０㎡	本家敷地
⑥	○○市○○町○○１６番 宅地　２４０．２０㎡	本家敷地
⑦	○○市○○町○○１７番 宅地　１５０．６０㎡	本家敷地
⑧	○○市○○町○○１８番 宅地　１５０．８０㎡	本家敷地
⑨	○○市○○町○○１００番 田　２２００㎡	優良農地（青地）
⑩	○○市○○町○○１１０番 田　３９０㎡	優良農地（青地）
⑪	○○市○○町○○２００番 畑　２５０㎡	申請地
⑫	○○市○○町○○３００番 田　１４５０㎡	優良農地（青地）

※所有地は全て市街化調整区域　地目・地積は登記情報

② 太陽光発電設備（図表51参照）

市街化区域と市街化調整区域の線引きがされていない地域で農地を買い受けて太陽光発電設備を設置するケース。周辺の土地で、雑種地や宅地、原野も含めて検討したが、条件に合うのが農地である申請地だけであったことがわかる。

【図表51　土地選定理由書　太陽光発電設備】

土地選定理由書

1　土地選定条件

① 周囲に日照を妨げるような障害物（高い建物等）がないこと。
② 機材等の搬入経路の確保のため、接道していること。
③ 採算が合う設置面積の確保のため、面積が８００㎡以上あること。
④ 効率の良いパネル設置ができるよう、土地の形状が矩形に近い。
⑤ 周辺に農地が少なく、転用による農地への影響が小さい。

2　土地選定経過

上記を踏まえ、次のとおり検討した。

番号	所在、地番	面積	地目	コメント	検討結果
1	○○市○○町○○ 30番、31番	８５０㎡	畑	条件を全て満たしている。	○
2	○○市○○町○○ 10番	８７０㎡	田	①②③④の条件は満たしているが、北側の農地への用水上の影響が大きい	×
3	○○市○○町○○ 15番	６２０㎡	雑種地	条件①②④は満たしているが、面積がやや狭い。	×
4	○○市○○町○○ 40番、41番、42番	６２４．８７㎡	宅地、雑種地、畑	条件①②④は満たしているが、建物敷地に利用している部分を除くと利用可能な面積が狭い。	×
5	○○市○○町○○ 100番	９００㎡	原野	①②③⑤の条件は満たしているが、形状が長細く、設置の効率が悪い	×

6　事業計画書

計画の全般の説明、または事業の内容の説明

農地転用許可で求められる事業計画書での「事業」は、住宅の建築など生活に関することも含めた、転用後の土地で行われること全般を指す場合と、会社の事業や個人事業主の事業など経営に関するものを指す場合があります。

前者の場合については、申請書をまとめたような形式や、理由書や土地選定理由書の代わりのようなものになりますが、後者の場合については、行っている事業について簡潔に説明することになります。

一般的に事業計画書というと、損益の見込みなどを示す書類を指しますが、農地転用許可の場合の事業計画書にはさほど難しい内容はありません。申請書の内容のまとめに加えて、今行っている事業の業種や開業の時期、従業員の規模、保有している事業用の施設や機械と直近の年度の売上などを記載する程度です。

なお、事業計画書は市町村ごとに書式が用意されています。ホームページまたは窓口で入手し作成するようにしてください。図表53によくある事業計画書の例を挙げておきますので、参考にしていただければと思います。

【図表 52　事業計画書①】

事　業　計　画　書

1　今回申請の転用計画等

(1) 地目別面積

農地等			その他	計
田	畑	採草放牧地		
㎡	４５０㎡	㎡	㎡	４５０㎡

(2) 転用目的（転用事由の詳細）

周辺に同業者の店舗がなく、十分な集客が見込めることから、この地域での店舗の開設を目指していましたが、今般、申請地を譲り受ける見通しが立ったことから申請に至りました。

(3) 申請地を選んだ事由（代替地がない理由を含め土地選定の詳細な理由）

申請地周辺で店舗用地を探しておりましたが、適当な場所が見つからないまま一年ほど経ちました。申請地は県道に接しており、交通の便もよい上に駐車場を設ける広さも十分あることから、選定いたしました。

(4) 申請地の面積（規模）を必要とする理由　（面積の根拠について、必要な資料を添付。）

別紙「建物配置図（土地利用計画図）」のとおり

(5) 用排水計画（別添取排水系統図のとおり）

(ｱ) 取水方法

井戸　約　　㎥／日、上水道　約１．０㎥／日、その他

(ｲ) 排水処理及び排水量

① 汚　水　　排水量　約０．５㎥／日

浄化槽（　７人槽）　沈殿槽（　　㎥）　浸透桝（　　㎥）

集水桝（　　ケ所）　その他の排水処理施設　油水分離槽　　か所

（規模能力）

② 雨　水　　排水路（　　cm）　U字溝（　３０cm）

(6) 諸 条 件

(ｱ) 申請地への交通機関

鉄道○○鉄道□□駅から　　北方向に約２．５km

(ｲ) 市町村役場からの距離

（東・西・南・(北) 方向に約２．０km）

(ｳ) 接続する道路の状況

国・(県)・市・町・その他　道　　幅員１１m

道路側溝（有・無）

【図表 52　事業計画書②】

(ｴ) 土地造成（有・無）

有の場合　切土　高さ　　m　土量　　㎥

盛土　高さ　０．５ｍ　土量　１５０㎥

(7) 関係法令等の許認可見込み

都市計画法	申請　　令和　３年　６月　５日
農　振　法	除外　　令和　３年　６月　１日 施設用地設定　　令和　　年　　月　　日

(8) その他

【図表 52　事業計画書③】

（農業施設用）

2　現在の営農状況

(1) 農業従事者　　　名（男　　名、女　　名）

(2) 耕 作 地　田　　　ｈａ　畑　　　ｈａ　計　　　ｈａ

(3) 家　　畜　　　　頭　　　　頭

(4) 農業施設の状況

堆 肥 舎　　　棟　　　㎡

農作業所　　　棟　　　㎡

豚　　舎　　　棟　　　㎡

温　　室　　　棟　　　㎡

ビニールハウス　　　棟　　　㎡

(5) 大型農業機械保有状況

種類	台数	型式等	購入年月日	摘要
	台			
	台			
	台			
	台			

(6) 主な生産（農畜産）物名

年間出荷高（平成　　年）

農畜産物名	単位当り収量	総生産高	摘要

3　生産調整の状況

鶏　卵　　　年　　月　　日調整済（　　　　　協議会）

牛　乳　　　年　　月　　日調整済（　　　　　酪農組合）

【図表 52　事業計画書④】

（一般転用）

２　申請事業者の概要及び現施設等の状況

(1) 法人設立年月日　　平成３１年　２月１１日

(2) 法 人 の 目 的　　コンビニエンスストアの経営

(3) 資　　本　　金　　３，０００千円

(4) 従業員の状況（パートを含む）

性別	現在数		増員見込		計	
	従業員	事務員	従業員	事務員	従業員	事務員
男	５人	人	人	人	５人	人
女	５人	人	人	人	５人	人

(5) 昨年の売上額　　約２３０，０００千円

(6) 現施設の状況　（詳細は別添会社概要による）

(ｱ) 総敷地面積　　４８０㎡

(ｲ) 建 物 総 数　　１棟　延　１００㎡

（内訳）生産施設（工場等）　棟　㎡

管理施設（事務所等）　棟　延　㎡

倉　　庫　　１棟　３０㎡

そ の 他　　棟　延　㎡

(ｳ) 資材置場等　　ケ所

(ｴ) 駐　車　場　　１ケ所　１５台　３５０㎡

(ｵ) 機 械 設 備

(ｶ) 保 有 車 輌　　乗用自動車　２台　貨物自動車　台

その他車輌　台

7　始末書

無断転用の経緯と今後の法令遵守の誓約をシンプルに

許可を受ける前に無断転用してしまった農地について、追認してもらうための許可申請の際に作成する書類です。

書類の性質上、市町村のホームページには書式は載っていないことが多いですが、窓口で相談すれば参考となる書式を提示してくれると思います。

始末書には、現況の写真を添付することを求められることもありますし、地区担当の農業委員さんへの説明を求められることもあります。

また、当然ですが、他に無断転用している農地がある場合は、同時に是正することを求められますので、速やかに手続を進めてください。

内容としてはシンプルで、いつ頃からどんな目的で使用しているか、農地法に違反してしまった旨とお詫び、今後農地法を守ることと、今回の申請について許可がもらえるようにお願いするというような内容です。

どの市町村でもほぼ同じ内容ですので、図表53に参考例を挙げておきます。

【図表 53　始末書】

始　末　書

令和　　年　　月　　日

〇〇市農業委員会会長　殿

住　所　〇〇市〇〇三丁目〇〇番〇号

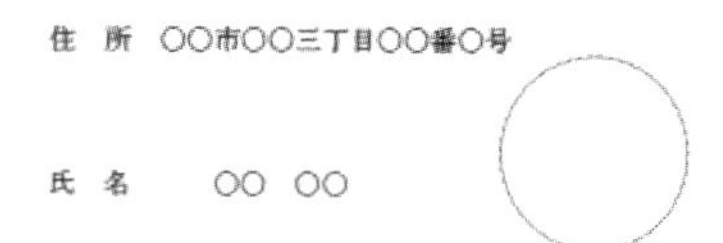

氏　名　　〇〇　〇〇

下記の土地は、平成２５年頃より駐車場として使用しておりましたが、農地法をよく理解しておらず、事前に許可を得ないまま転用をしてしまいました。

以後このようなことがないように注意し、農地法の手続きを遵守いたしますので、なにとぞ農地転用の許可の審議の程よろしくお願いいたします。

記

不動産の表示

所　在　〇〇市〇〇三丁目
地　番　５０番
地　目　畑
地　積　２００㎡

8 その他

場合によって作成する書類

作成する書類についても、ここまでに挙げたもの以外で必要となることのある書類をまとめておきます。

① 誓約書

許可を受けた後に行う行為について念を押すための書類で、市町村によっては書式が用意され、提出を求められます。

許可を受けた以上は必ず転用する旨や、転用後に周辺の農地に被害を与えない、または被害が出た場合に誠実に対処する旨を誓約します。

② 資材置場の面積検討表

転用の目的が資材置場の場合に提出を求められる書類です。

土地利用計画図にもそれぞれの資材の置き場所を図示しますが、ここでは表形式で資材の種類や大きさ、量と必要面積と置かなければいけなくなった理由を記載します。

資材置場は、ある程度の面積が確保できればどこでもできますので、あえて農地を転用する理由をしっかりと説明する必要があります。多くの場合では、事業を営んでいる拠点に近いなどの利便性が理由かと思いますので、効率のよい事業の運営のために転用が必要であることを丁寧に説明してください。

また、既存の資材置場が別にある場合には、その内容も併せて記載します。

書式は、市町村ごとのものを使用してください。

③　一時転用の場合の復元計画書

一時的な農地転用の許可を取る場合に必要とされる書類です。

農地を転用すると、一般的には土地の固定資産税が上がることが多いです。

転用をしたい期間が限られていて、目的の達成後の利用方法を特に考えていない場合には、固定資産税のことも考えて元に戻すという選択肢を取ることもよいと思います。

計画書の内容としては、転用をする期間と復元の工事をする期間、復元の方法と復元にかかる費用などについて説明します。復元の工事は、だいぶ先のことになるかもしれませんが、工事についての見積書を求められたりと、実現可能な計画を求められます。

転用による造成がある場合は、造成計画図を添付します。

書式は、市町村ごとのものを使用してください。

【図表54　第６章チェックリスト（作成する添付書類）】

□土地利用計画図

建物を建てる場合

□建物の平面図・立面図

造成がある場合

□造成計画図

□理由書

□土地選定理由書

→市町村によっては事業計画書としてまとめられている場合も。

□事業計画書

→市町村によって内容が違う、一戸建ての住宅の場合は不要なことも。

無断転用をしていた場合

□始末書

市町村によって求められる

□誓約書

資材置場への転用の場合

□資材置場の面積検討表

一時転用の場合

□（将来農地へ戻す際の）復元計画書

第7章　申請受付から許可までと許可後の手続

本章では、申請が受け付けられて処理され、許可が出るまでの流れと、許可を受けた後にすべき手続について解説していきます。

1 申請の受付

地区担当の農業委員による事前確認がある場合も

申請書と添付書類が整ったら、いよいよ申請です。しかし、その前に、市町村によっては、申請できる書類が整った時点で、地区ごとに決められている農業委員の方に確認の署名捺印をもらうという手順を踏むことを求められることがあります。窓口で住所や電話番号を教えてもらえますので、締切日に提出できるよう、前日までにアポイントを取るようにしてください。

農業委員の方には、転用の許可申請の事前確認をお願いしたい旨を電話で伝えれば快く応じてくれます。申請書と添付書類一式を持って、申請する場所と転用計画の内容を説明できるよう準備を整えて行くようにしてください。

なお、農業委員の方の自宅に伺って説明することが多いとは思いますが、申請地で待ち合わせて説明するというケースもあると思います。

申請はなるべく早い時間帯に

さて、ついに農業委員会の窓口への申請です。まず大切なことは、事前に目標にしていた締切日に間に合わせるということです。1日でも締切日を過ぎてしまうと、翌月の処理になり、計画が1

【図表 55　農地転用許可申請受付から許可証交付までの流れ】

か月ずれてしまいます。万が一添付書類で間に合っていないものがある場合などは、窓口と相談してください。

申請日当日は、基本的には申請書類を持ち込むだけですのでさほど作業はありませんが、窓口で簡単な申請書の確認をして、すぐに直せるような修正点がある場合にはその場で直すということもあります。

また、他法令の許可が必要な点を確認するために、役所の中の他の課を回って確認の印をもらってくるように求められるような市町村もあります。

このとき、例えば、市街化調整区域で建物を建てる場合だと、既に都市計画法の許可申請がされているか、申請書を持って担当部署に行くようにしないと確認の印がもらえず、農地転用の許可申請も受け付けてもらえないということがありますので、事前の調整をしっかりしておくようにしてください。

なお、他の課を回る場合は、少なくとも1時間程度は時間がかかりますので、申請の持込みはなるべく早い時間にしてください。

役所は、夕方5時15分が終業時間です。終業時間ギリギリに持ち込んでしまうと、他の課での確認作業が翌日に持ち越しになり、翌日再度来る羽目になります。

2　補正と現地調査

補正は速やかに対応する

申請が受け付けられると、まず農業委員会事務局の担当者による申請書と添付書類のチェックが入ります。そして、数日内、遅くとも1週間程度で補正すべき点についての連絡がきます。申請書の誤りや表記の仕方を修正するように求められるのと、添付書類の修正や差替えについて求められることがあります。

申請書および添付書類の補正については、できる限り速やかに、できれば数日内に対応するようにしてください。市町村によっては、補正期限が設けられていて、その期限までに補正が完了しない場合、翌月に持越しというようなところもあります。もしどうしても補正に時間がかかるような場合は、窓口の担当者の方に事情を説明して相談してください。

現地調査に立会いを求められる場合も

書類上の調査が完了すると、申請書類のコピーが地区担当の農業委員に送られ、次は現地の調査に入ります。申請が受け付けられた段階で既に転用に支障がないことはほぼ確定していますが、その内容に間違いがないことを今度は現地でも確認します。

この現地調査の前には、調査に行った人がわかるように、農地転用の許可の申請中である旨の標識を現地に掲げることを求められる場合もあります。

この現地調査については、申請地の地区を担当する農業委員の方や農業委員会事務局の担当者が独自にすることもありますが、市町村によっては日時を決めて申請者または申請代理人による立会いを求めてくることもあります。この立会いはおおよそ申請から2～3週間先にあります。

【図表56　現地調査】

立会いの日時は、書面で通知されることが多いと思いますが、当日は農業委員会事務局の担当者、地区担当の農業委員、農業委員会の役員などそれなりの人数が集まるため、日時が決まってしまうと融通が利かなくなります。立会いなどがある市町村では申請の際に窓口でその旨を教えてくれると思いますので、あらかじめ都合を伝えておくとよいと思います。

立会いの当日は、申請地を一緒に見て回り、計画についての簡単な確認をします。関係者は既に内容を把握しており、その場で審査が行われるわけではないので、やや形式的なものではありますが、申請書類は農業委員会が意見を付けて都道府県へと送られますので、関係者とは良好な関係を保つことに努めてください。

3　農業委員会での審議から都道府県への送達

現地調査が完了したら農業委員会での承認へ

書類上の調査と現地調査が終わると、次は農業委員会の総会で許可申請の案件が審議されます。農業委員会の総会は、市町村ごとに毎月行われており、農地法の許可や農振除外についての審議、市街化区域の農地転用の届出についての報告などが議題に上がって審議されます。

この会議は、農地転用の許可申請の締切日の2～3週間後に行われますが、許可申請の案件は、ここでの審議を経て意見を付され、都道府県の担当部署へと送られます。転用の許可申請に締切りがあるのは、この会議に向けて事前に調査し、資料をつくる時間が必要なためです。

実際の会議の内容ですが、農地転用の許可に関する案件は、会議にかかる前に調査が完了し、問題ない旨が報告され、中でもやや説明が必要な案件のみが少し詳しく取り上げられます。市町村によっては、農業委員会の総会の議事録をインターネット上で公開しているところもありますので、興味のある方は見ていただくとよいと思います。

さて、これで市町村での手続がすべて済みました。農地転用の許可申請書類は、ついに許可権者である都道府県へと送られますが、市町村へと許可の権限が委譲されている場合は、市町村の担当部署での決済にまわることになります。

最後のステップは都道府県での調査

都道府県に申請書類が届くと、今度は都道府県の担当者が調査をします。内容としては市町村での調査と同様で、書類上の調査と現地調査です。都道府県は面積も広いので、ある程度まとまった地域ごとに担当の事務所があり、そこの担当者が調査をします。

ここまで申請が届けば許可まではあと少しですが、この段階で補正が求められることもあります。既に市町村での審査が終わっており、内容に問題があるということはないでしょうが、申請書上の表記を修正したり、資料に関する質問がくることもあります。速やかに対応しましょう。

都道府県の担当者レベルでの調査が完了し、補正なども済めば後は決済を待つのみです。

4　許可証の交付と他法令の許可

都市計画法の許可も申請している場合は同時許可

さて、すべての審査が完了し、決済が下りれば、ついに農地転用が許可されます。市町村の農業委員会事務局より、許可証を交付する旨の連絡が来ますので、受け取りに行きます。許可証は、対面での受取りが原則（台帳に受取りのサインなどをするため）ですが、遠方で直接出向くのが大変な場合には、郵送で送ってもらうことをお願いしてみるとよいと思います。

許可日以降は、転用のための工事などを始めることができますので、農業委員会事務局からの連絡が入った時点で農地に手を加えてもよいことになります。ひとまず手続はこれでひと段落ですので、転用に着手しましょう。

なお、市街化調整区域で建物を建てる場合は、農地転用の許可申請と同時に都市計画法の許可申請をしていることと思います。通常は、都市計画法の許可申請のほうが処理が早く終わりますので、農地転用の許可を待って都市計画法の許可も下りてきますが、もし都市計画法の許可申請の補正などに手間取っていると、農地法の許可もそれに合わせて遅くなります。

この農地転用の許可と都市計画法の許可が同時に下りる原則についてよく理由を聞かれるのですが、開発や建築の工事についての許可が下りていたとしても、農地転用の許可がなければ農地に手を加えることはできませんので、片方だけ許可を出しても意味がないことがその理由です。

【図表57　農地転用許可後の流れ】

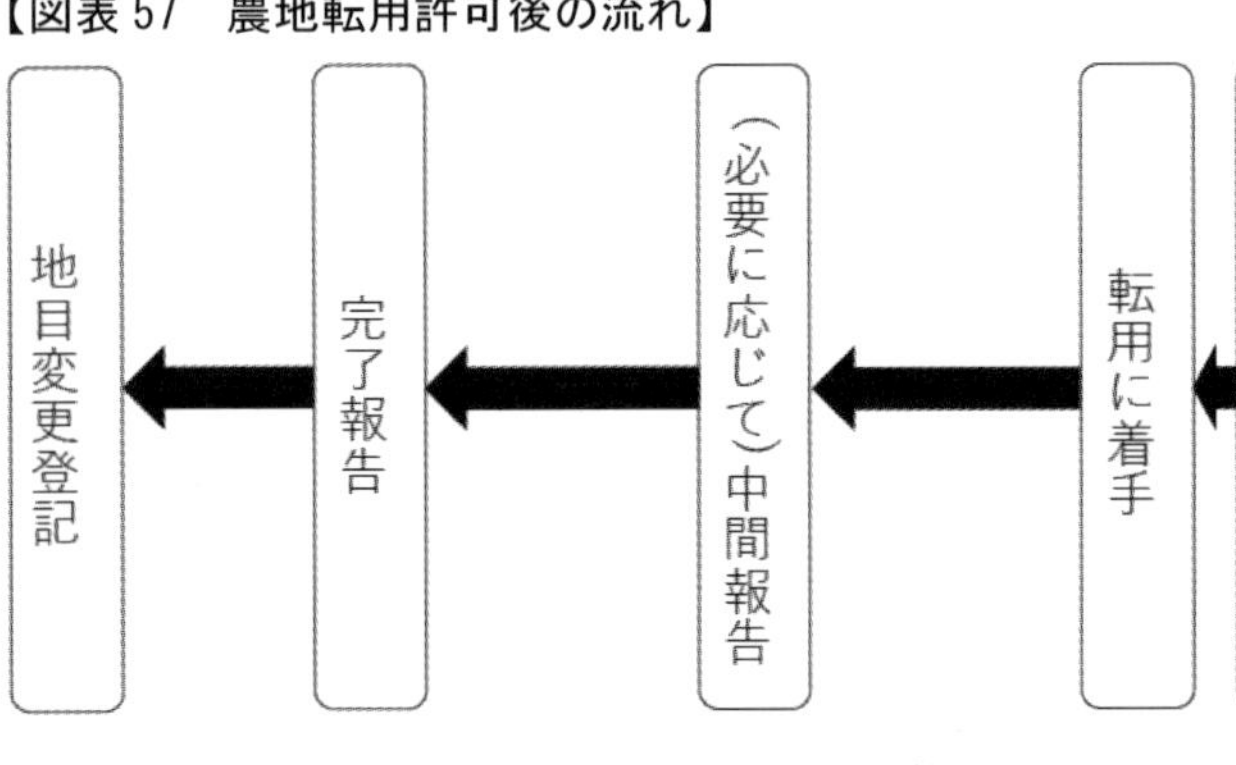

他法令の手続の漏れに注意

農地転用に関する手続は、この後数か月はありませんが、転用の許可が下りた時点で他法令の許可についても整理しておくことをおすすめします。

都市計画法の開発許可を同時に受けていた場合は、造成について開発行為の着手届の提出がすぐに必要になるのと、造成が終わった後、建築のための基礎工事に入る前に開発行為の完了届の提出が必要になります。

この完了届の提出後、開発行為についての検査が入るのですが、この検査を受けずに建築工事に入ってしまうと、最悪元に戻すよう指示されてしまいます。大変な費用と時間のロスになりますので注意してください。

また、道路の下に排水管を通したり、道路側溝を入れ替えたりする工事がある場合は、やはり道路占用の許可や道路工事の承認がないと着手ができません。手続が完了していない場合は速やかに終わらせてください。

5　転用の着手と中間報告

許可後は速やかに転用に着手を

農地転用の許可は、差し迫った事情があるからこそ認められるという原則については以前に触れ

【図表58　許可後は速やかに転用着手】

ましたが、許可を受けた後は、可能な限り速やかに転用のための工事などに着手してください。

再生可能エネルギーに関する固定価格買取制度がスタートした当時、買取価格の単価が非常に高く、投資として小規模な太陽光発電所を所有することが流行りました。農地は日当たりもよく、広い面積が確保できることから、太陽光パネルの設置場所として非常に人気がありました。

買取価格の単価は、毎年少しずつ下がる制度の設計になっていましたので、なるべく早く太陽光発電所をつくったほうが利益が大きくなります。そのため、工事を請け負う業者の処理可能な量をはるかに超える認定の申込みがなされ、太陽光発電設備の設置を目的とした農地転用の許可申請もかなり増えた時期がありました。

そして結果的に、許可を受けているにもかかわらず、転用のための工事に着手できないようなケースが増えてしまい、それ以降、許可後に確実に転用が行われるのかという点についての審査が厳しくなりました。

こうした流れもあり、許可後に速やかに転用に着手しない場合には、理由の説明を求められることがありますので、理由なく転用に着手しないことは避けてください。

転用の工事などに時間がかかる場合は中間報告を

転用の着手後は、すぐに工事などが完了すれば完了の報告だけで済みますが、工事に3か月以上かかる場合は中間報告が必要です。中間報告は許可日から3か月の時点で1回、その後は1年ごとに1回必要になります。

中間報告は、申請の内容と許可番号に加え、造成や建物の工事の状況を説明し、遅延している場合はその理由も記載します。現地の写真を添付することも求められます。市町村ごとに多少報告事項の量に違いがありますが、基本的に申請書の内容を写すだけの簡単な書式になっています。

記載例（図表59参照）を載せますので、参考にしていただければと思います。2部作成して提出するようにしてください。

転用の許可を受けたことで手続が終わったと思い込み、報告の手続は忘れられがちです。しかし、長期間報告を怠ってしまうと、他の場所の農地の転用許可を取ろうとしたところで、以前の許可について転用の進捗のチェックを受けることがあります。

工事などが進まない理由の説明がないままに次の許可を受けようと申請しても、以前の申請を放置していたことで事業の実現性が疑われ、以後転用の手続がうまく進まなくなってしまうような事例を見かけることもあります。

順調に転用工事が進んでいる場合はもちろん、特に遅れている場合は、途中でしっかりと窓口とのコンタクトを取ることで、勧告など受けないよう注意してください。

【図表59　中間報告書】

捨印

令和　3年10月25日

○○県知事　殿

申請者　住所　○○市○○町一丁目○○番地

氏名　○○　○○　　　　印

農地転用許可後の工事進捗状況報告（第1回）について

さきに、農地法第　5　条第1項の規定により許可がされている土地の工事進捗状況を下記のとおり報告します。

記

1	許可年月日	令和3年　7月25日
2	許可指令番号	○○農第○○○○号
3	転用許可地の所在	○○市○○町三丁目100番
4	転用目的	分家住宅
5	転用面積	[農地　300㎡] [採草放牧地　㎡] [その他　㎡] [計　300㎡]
6	建設計画	[着工予定]　令和　3年　8月　1日 [完了予定]　令和　4年　1月31日
7	工事進捗状況	建物建築中　　進捗率　　60％
8	遅延理由	―
9	今後の見通し	予定通り、令和4年1月31日頃に完了予定

<申請地現況>

別紙に申請地の現況を示す写真を添付する。配置図に方向を示す。

6　転用の完了報告書の提出

完了報告は忘れずに！

さて、転用のための工事などが完了したら、完了報告書の提出です。転用の完了した日の翌日から2週間以内に提出してください。

申請の際に土地利用計画図を提出していますので、そのとおりに工事などが完了していることが原則ですが、実際に工事を始めてみたら想定外の事態が起きることもあります。計画と現況が違っている場合は、その旨を報告し、修正した土地利用計画図を作成して提出するようにしてください。

完了報告書は、申請の内容と許可番号、工事などの完了日を記載し、もし完了の報告が遅れた場合はその理由も記載します。

添付書類としては、土地利用計画図と現地の写真です。書式は市町村ごとに用意されていますので、指定のものを使っていただければと思いますが、内容としてはどこでもほとんど同じだと思います。図表60の記載例を参考にしてください。完了報告書も、2部作成して提出してください。

転用の許可から長い期間が経っても完了報告書が提出されないと、催促の連絡が来ます。住宅の建築を行った場合などは引っ越しの作業や各種手続で忙しいとは思いますが、忘れずに報告書を提出するようにしましょう。

【図表 60　完了報告書】

令和　4年　2月　1日

〇〇県知事　殿

申請者　住所　〇〇市〇〇町一丁目〇〇番地

氏名　〇〇　〇〇　　　　　印

農地転用許可後の完了報告について

さきに、農地法第＿5＿条第１項の規定により許可がされた土地の工事が完了しましたので、下記のとおり報告します。

記

1　許可年月日　　令和　3年　7月２５日

2　許可指令番号　　〇〇農第〇〇〇〇号

3　転用許可地の所在　　〇〇市〇〇町三丁目１００番

4　転用目的　　分家住宅

5　転用面積　　〔農地　３００㎡〕〔採草放牧地　㎡〕〔その他　㎡〕

〔計　３００㎡〕

6　工事完了年月日　　令和　4年　1月３１日

<申請地現況>

別紙に申請地の現況を示す写真を添付する。

7　その他

7　農地転用届・非農地証明願の場合の流れ

農地転用届の場合の流れ

市街化区域での農地転用届の場合、月に1度しかない許可申請とは違い、基本的に随時受付をしてもらえます。中には締切りの曜日を設けている市町村もありますが、それでも毎週締切りがあることになります。そのため、許可申請ほどは締切日に神経質になる必要はありません。

また、処理の期間も許可申請に比べて格段に短く、1週間から10日程度で処理が終わります。タイミングがよければ数日で終わることもあるかもしれません。

このように処理が早く済むのは、農地転用届の場合、市町村の農業委員会で処理が完結し、都道府県が届出の処理にかかわらないことがその理由です。実際、農地転用届の宛名は、各市町村の農業委員会の会長宛になっています。

農業委員会での処理が済んだ農地転用届の副本には、届が受理された旨の表紙が付けられ、返却されます。この受理証明書が許可申請の場合の許可証の代わりになり、所有権移転登記の申請をしたり、地目変更の登記をする際には法務局へ提出されることになります。

農地転用届の場合、受理証明書を受け取れば、そこで手続も完了です。中間報告や完了報告の義務はありませんので、転用の工事などを進めるようにしてください。

非農地証明願の場合の流れ

非農地証明願が例外的な措置だということは以前にも触れましたが、例外的な措置だけに、統一的な処理方法などもありません。随時受付をしてもらえる市町村もありますが、毎月の締切日を設けている市町村もあります。

非農地証明願は、農地転用届と同様に市町村の農業委員会での処理で完結しますので、細かな手続はありませんが、処理期間の長さは市町村によってまちまちで、7日から10日程度で済むところもあれば、3週間から6週間と、許可申請並みに時間がかかるところもあります。

添付書類と一緒に証明願を提出して処理が終わると、証明願の副本に証明印が押されたものが返ってきます。

市町村ごとの処理期間の長さとは別に、ケースによって処理に時間がかかることもあります。特に、登記事項証明書などで長い期間非農地であったことが証明できないようなケースで、航空写真を提出する場合は、その写真でそれが証明できるのかについては多少時間をかけて審査がされます。航空写真は、ある程度広い範囲を写したものしかありませんので、証明してほしい土地の状況がハッキリわかってうまく証明できるかは運次第なところもあります。

非農地証明願の場合、当然ですが転用自体は完了していますので、中間報告や完了報告は不要です。

返却された証明書を利用して、速やかに法務局へ地目変更登記を申請してください。

8　法務局での手続（地目変更登記）

地目変更登記は義務

農地転用の完了報告書の提出をもって、農地転用の許可に関する手続はすべて完了しました。固定資産税の課税についても、今後は宅地や雑種地として課税されていくことになります。

しかしながら、法務局で管理されている登記記録は、農地転用の許可申請とは連動していないため、勝手に書き換わることはありません。したがって、転用の工事などが済んだ土地について、管轄の法務局へ「地目変更」の登記申請をしなければいけません。

例えば、建物を建てるのに融資を受けている場合などは、融資をした金融機関がその建物と敷地に抵当権を設定し、その登記をします。その場合、抵当権設定登記の前提として、地目変更の登記も必ず求められます。そうした場合は、土地家屋調査士や司法書士など登記の専門家がかかわってきますので、任せてしまえば大丈夫かと思います。

ところが、自己資金のみで農地転用をしている場合には、登記の専門家がかかわらないことがあるため、転用をした農地の登記記録は農地のまま放置されてしまうこともあります。

正直に言ってしまうと、地目変更の登記がされてないからといって、直ちに問題が発生することはありません。しかし、不動産の物理的な状況が変わった場合にする表示の登記は、不動産の所有者（または登記されている名義人）の義務となっており、例えば地目変更の登記は、地目が変更されてから1か月以内にしなければいけません（不動産登記法第37条）。10万円以下の過料という罰則もあります（不動産登記法第164条）。

せっかくここまで手続を進めたのであれば、最後までやっておきましょう。

地目変更登記は自分でもできる

建物を建てた場合にする登記である「建物表題登記」には建物の形状や敷地に対する配置などを示した図面をはじめ、いくつかの添付書類が求められます。そのため、特に普段図面などを作成することがない人にとってはややハードルが高いかと思います。しかし、地目変更登記はさほど難しくありません。

簡単な申請書に申請者や土地の登記情報を記載し、農地転用の許可証（または農地転用届の受理証）に原本と相違ない旨の証明印を押したコピーをつけて提出すれば、登記官が現地調査に行ってくれ、登記記録が書き換わります。かかる期間は1週間～10日程度、長くても2週間ほどです。

建物の登記と併せてしなければいけないときや、急いで登記を完了させなければならないときには、土地家屋調査士に依頼したほうがいいですが、特に急いでいない場合には自分でやっても問題ないと思います。申請書のひな型のデータは法務省のページからダウンロードできますが、図表61に記載例を載せますので、参考にしていただけたらと思います。

【図表 61　地目変更登記申請書】

※受付シールの貼付スペース
何も記載しないでください。

登　記　申　請　書

登記の目的　　　地目変更登記

添付情報
　農地転用許可証（または、農地転用届出受理証・非農地証明書）

令和４年２月２日申請
　○○ 法 務 局（又は地方法務局）○○支局（又は出張所）

申　請　人　　　○○市○○町一丁目○○番地
　　　　　　　　　　○○　○○　　印
　　　　　　　連絡先の電話番号００−００００−００００

不動産番号		１２３４５６７８９０１２３				
土地の表示	所在	○○市○○町三丁目				
	①地番	②地目	③地積 ㎡			登記原因及びその日付
	１００番	畑	３００			
		宅地	３００	５５		②③令和４年１月３１日 地目変更

地目を宅地に変更する登記の場合は面積の表記に注意

地目を宅地にするときに限り、1点だけ注意点があります。土地の登記記録のうち、面積を示す「地積」は、農地の場合、小数点まで記録されていません（地積が10㎡以下の場合は登記されています）。しかし、地目を宅地に変える場合は、小数点第2位まで記録しなければいけません。

もし、転用許可の前や、最近分筆の登記をしている場合には、土地家屋調査士によって測量図が作成され、法務局に提出されて備え付けられていますので、それを参照し、そこに記載されている数字を小数点第2位まで記載すれば大丈夫です。

分筆されたのがかなり前で、登記上、分筆後に土地の区画が整理されている記録が入っていたり、そもそも分筆されたことがないような土地では、法務局に測量図がないため、小数点まで正確な数字がわかりません。その場合は、「100．00」のように小数点を00で申請しても差支えありません。

ちなみに、雑種地は、登記記録上小数点を記録しません（地積が10㎡以下の場合は登記されています）ので、農地から雑種地への地目変更登記の場合はこうした心配はありません。

9　許可後の注意点

転用の目的に沿った利用を！

法務局での地目変更登記まで完了したら、転用した土地は完全に農地法上の規制から外れることになり、今後は宅地や雑種地として扱われていくことになります。目的があって転用許可を取ったわけですので、もちろんしばらくはその目的のために利用されていくことになると思います。

ただ、農地法の規制がなくなったことで、結果的に流通しやすい土地となり、市場価値が若干上がることにもなります。転用許可を申請するときには、目的のためにやむを得ず転用するのだということを意識していたとしても、長い年月が経てばその記憶も薄れ、許可を取ったのだから好きに利用していいのではと思ってしまいがちです。

しかしながら、特に市街化調整区域では、農地法の規制はなくなったとしても、都市計画法の規制がなくなったわけではありません。

例えば、分家住宅の建築のために許可を取ったのであれば、許可を取った人が住むための住宅として許可を受けたわけですから、生活の都合上引っ越しをしなければいけなくなったとしても、他人に貸すことなどは原則できないのです。

１度農地を転用したら、もう農地に戻すことはないという原則をよく理解した上で、将来にわたっての土地の利用計画を立てていくようにしてください。

許可証は何かのときに備えて保管を

農地転用の許可証についてですが、法務局での地目変更登記が完了した後は、基本的に使用することはなくなります。転用の許可を取った土地であることは役所の農政の部署でも記録されていますので、もし処分してしまったとしても、必要に応じて許可を受けた証明をしてもらうことも可能です。

しかし、許可証は保管しておくことをおすすめします。役所には農地転用に限らず大量の書類が保管されていますが、いずれ廃棄されていきます。許可の日時や番号、申請者といった最低限の情報は半永久的に残りますが、それ以外の情報は10年も経てば失われていくのです。

無断転用がされている農地についての相談を受けた際に、念のために以前に許可を受けていないかを調査することがありますが、古い記録などはコンピュータではなく別の場所に保管されている帳簿で管理されていたりして、確認に時間がかかることがあります。

今後の農地転用の記録は、帳簿で管理されるということはないでしょうが、時間が経てば確認が難しくなったり、何かのはずみで記録が消えてしまうこともあるかもしれません。

土地は子や孫など誰かにに引き継がれていくことを考える

都市計画法では、市街化区域と市街化調整区域の線引きがされる前から宅地であった土地は「既存宅地」であるとして、市街化区域並に建物が建てやすい土地として扱っています。法律は状況に合わせて変わるものですから、またどこかの地点でそういった措置が取られる可能性だってあります。そんなとき、転用の許可を受けたという物的な証拠は必ずプラスになってくると思います。

また、土地は建物のように取壊しのできないものですので、必ず誰かが相続したり管理しなければなりません。何とかして処分しなければいけない状況が生まれたときに、その土地がどのような経歴を持った土地なのかということの記録が残っていれば処分もしやすくなります。

さしあたっての都合だけでなく、いずれ土地を引き継ぐ誰かのために、転用した農地はしっかり管理していくことが大切なことだと思います。

【図表 62　第７章チェックリスト】

① 申請から許可まで

□地区担当農業委員による事前チェック

□締切日までに申請

□補正は済んだか

□現地立合いは済んだか

□許可証の受取り

□他法令の許可のチェック

② 許可から転用の完了とその後

□中間報告はしたか

□完了報告はしたか

□地目変更登記は済んだか

□許可証は保管しておく

著者略歴

若子　昭一（わかこ　しょういち）

行政書士わかば合同事務所　代表。

岐阜県出身。1976年生まれ。東京大学文学部言語文化学科卒業。

行政書士・土地家屋調査士。愛知県行政書士会・愛知県土地家屋調査士会所属。

司法書士の補助者として不動産登記業務に関わったことがきっかけで不動産に関係する手続の依頼を受けるようになり、農地転用・開発（建築）許可を専門に。

不動産は、ロケーションによって様々な特徴を持っているため、その扱いには豊富な知識と経験が必要となる。また、動産のように取換えができない不動産の手続では、長い先の将来を見据えた利用の計画を立てなければ、大きな経済的損失を伴うトラブルが発生してしまうこともある。

経験や研鑽から得た知識と、不動産登記にも関わることのできる土地家屋調査士の資格を武器に、日々、農地転用許可、開発（建築）許可業務を精力的にこなしている。

フットワークの軽さと諦めない姿勢で顧客からの高い信頼を得ている。

●行政書士わかば合同事務所ＨＰ（分家住宅サポートあいち）

https://bunkejutaku-aichi.com/

「農地転用の手続」何をするかがわかる本
—あなたの土地、眠っていませんか？

2021年3月9日 初版発行　　2024年8月28日 第12刷発行

著　者　若子　昭一　© Shoichi Wakako

発行人　森　　忠順

発行所　株式会社 セルバ出版
〒113-0034
東京都文京区湯島1丁目12番6号 高関ビル5B
☎ 03（5812）1178　FAX 03（5812）1188
https://seluba.co.jp/

発　売　株式会社 三省堂書店／創英社
〒101-0051
東京都千代田区神田神保町1丁目1番地
☎ 03（3291）2295　FAX 03（3292）7687

印刷・製本　株式会社 丸井工文社

Printed in JAPAN
ISBN 978-4-86367-644-2